Access 2016 数据库实践教程

主　编　张志鑫　苏晓勤

北京理工大学出版社

BEIJING INSTITUTE OF TECHNOLOGY PRESS

内 容 提 要

本书是《Access 2016 数据库应用教程》的配套教材，软件版本为 Access 2016。全书分为上下两篇，上篇为实验，以主教材内容为导向，前 13 组实验为基础案例，每组实验包括明确的实验目的和实验内容两部分，实验内容中给出了实验要求和详略得当的操作步骤，全部正确完成后，即可得到一个完整的数据库应用系统；第 14 组实验为综合案例，是一个完整的数据库应用系统，具有详略得当的实验步骤与说明。下篇为习题，根据主教材各章内容编写相应习题，并附有习题参考答案，供教师和学生参考使用。本书实验内容丰富、翔实、系统，注重上机实践操作的内容、方法和步骤；习题内容涵盖范围广，知识点运用灵活多样，有利于学生掌握所学知识。

本书适用于"Access 数据库"课程的实践环节教学，也可作为全国计算机等级考试的参考书。

图书在版编目（C I P）数据

Access 2016 数据库实践教程／张志鑫，苏晓勤主编
. －－ 北京：北京理工大学出版社，2023.2
ISBN 978-7-5763-2139-5

Ⅰ．①A…　Ⅱ．①张…②苏…　Ⅲ．①关系数据库系统
－高等学校－教材　Ⅳ．①TP311.138

中国国家版本馆 CIP 数据核字（2023）第 034879 号

出版发行／北京理工大学出版社有限责任公司

社　　　址／北京市海淀区中关村南大街 5 号

邮　　　编／100081

电　　　话／（010）68914775（总编室）
　　　　　　　（010）82562903（教材售后服务热线）
　　　　　　　（010）68944723（其他图书服务热线）

网　　　址／http://www.bitpress.com.cn

经　　　销／全国各地新华书店

印　　　刷／河北盛世彩捷印刷有限公司

开　　　本／787 毫米×1092 毫米　1/16

印　　　张／11　　　　　　　　　　　　　　　　　责任编辑／李　薇

字　　　数／285 千字　　　　　　　　　　　　　　　文案编辑／李　硕

版　　　次／2023 年 2 月第 1 版　2023 年 2 月第 1 次印刷　　责任校对／刘亚男

定　　　价／78.00 元　　　　　　　　　　　　　　　责任印制／李志强

前言

Microsoft Office Access 是由微软公司发布的关系数据库管理系统。它结合了 Microsoft Jet Database Engine 和图形用户界面两个特点，是 Microsoft Office 的系统程序之一。Access 是 Office 系列软件中用来专门管理数据库的应用软件。Access 应用程序是一种功能强大且使用方便的关系数据库管理系统，一般也称关系数据库管理软件，它可运行于各种 Windows 系统环境中，继承了 Windows 的特性，不仅易于使用，而且界面友好，如今在世界各地广泛流行。它并不需要数据库管理者具有专业的程序设计能力，任何非专业的用户都可以用它来创建功能强大的数据库管理系统。使用 Access 2016 可以高效、便捷地完成各种中小型数据库的开发和管理工作。Access 2016 继承了旧版本的重要功能，还增强了新主题、模板外观、将链接的数据源导出到 Excel 等功能。而面向 SharePoint 本地客户的 Access Web 应用程序是用户在 Access 中生成，然后在 Web 浏览器中作为 SharePoint 应用程序使用并与他人共享的一种新型数据库。该软件非常适合作为数据库初学者数据库入门学习的工具，也非常适合作为大学生的计算机基础学习软件。

本书分为上下两篇，上篇为实验，共设计了 14 组实验，前 13 组中每组的实验内容中均给出了实验要求和详略得当的操作步骤，操作步骤全部正确完成后，即可得到一个简单完整的数据库应用系统；第 14 组实验为一个综合实验，完成一个完整的数据库应用系统的建立。下篇为习题，根据主教材各章内容编写相应习题，供教师和学生参考使用。本书上篇由天津商业大学苏晓勤老师和张志鑫老师共同编写，下篇由张志鑫老师编写。在编写和出版过程中，本书得到了天津商业大学潘旭华老师、姜书浩老师、李军老师、李艳琴老师和王桂荣老师的大力帮助和指导，在此表示衷心的感谢！

在本书的编写过程中，参考了很多优秀的图书资料和网络资料，在此谨向所有作者表示由衷的敬意和感谢！

由于编者学识水平所限，书中难免存在疏漏与不足之处，恳请读者不吝赐教。

编　者

2022 年 6 月

目 录

上篇 实验

下篇　习题

上 篇

实 验

实验 1　数据库

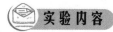

实验目的

（1）熟悉 Access 基本操作环境。

（2）掌握创建数据库的方法。

（3）掌握数据库备份的方法。

实验内容

实验 1.1　建立"学生管理"数据库（学生管理 . accdb）

实验要求：创建一个空数据库，名称为"学生管理. accdb"，存放位置为"F:\学生管理"（F 盘为个人存储设备）。

操作步骤

（1）选择"开始"→"所有程序"→"Microsoft Office"→"Microsoft Access 2016"菜单命令，或者双击桌面上的 Access 快捷方式图标，打开 Access 2016 的主窗口。

（2）在 Access 2016 启动界面中间窗格的上方，单击"空白桌面数据库"按钮，在弹出的"空白桌面数据库"对话框的"文件名"文本框中，默认的文件名是"Database1. accdb"，将其更改为"学生管理 . accdb"。

（3）单击 按钮，在弹出的"文件新建数据库"对话框中，选择数据库的保存位置为"F:\学生管理"文件夹，单击"确定"按钮。

（4）在"空白桌面数据库"对话框中，单击"创建"按钮。

（5）返回到 Access 启动界面，显示将要创建的数据库的名称和保存位置，如果用户未提供文件扩展名，Access 将自动添加上。

（6）默认名称为"表 1"的数据表以数据表视图方式打开，进行自动创建。

（7）"添加新字段"列中的第一个空单元格处于选中状态，可以直接添加数据，也可以选择从另一数据源粘贴数据。

实验 1.2　数据库的备份和关闭

实验要求：为"学生管理.accdb"数据库进行备份，新数据库命名为"学生管理–备份.accdb"，并关闭数据库。

操作步骤

（1）选择"文件"→"另存为"菜单命令，文件类型选择"数据库另存为"，数据库文件类型选择"Access 数据库（∗.accdb）"。

（2）在弹出的"另存为"对话框中，选择数据库的保存位置为"F：\ 学生管理"文件夹，"文件名"文本框中输入"学生管理–备份"，"保存类型"下拉列表框中选择"Microsoft Access 数据库"，单击"保存"按钮，如图 1.1 所示。

图 1.1　备份数据库

（3）当前打开的即是新数据库"学生管理–备份.accdb"，选择"文件"→"关闭数据库"菜单命令，或者单击数据库窗口右上角的"关闭"按钮。

实验 2　数据表

实验目的

（1）掌握使用表设计器建立和修改表结构的过程。

（2）了解表记录的输入。

实验内容

实验 2.1　建立"学生"表结构

实验要求：在"学生管理.accdb"数据库中，利用设计视图创建如表 2.1 所示的"学生"表结构。

表 2.1　"学生"表结构

字段名称	数据类型	常规
学号	短文本	字段大小：8
姓名	短文本	字段大小：10
性别	短文本	字段大小：1
出生日期	日期/时间	格式：短日期
党员否	是/否	格式：是/否；默认值：No
入学成绩	数字	字段大小：整型
班级编号	短文本	字段大小：7
爱好	短文本	字段大小：20

操作步骤

（1）打开"学生管理.accdb"数据库，选择"创建"→"表格"→"表设计"菜单命令。

（2）以设计视图的方式打开，按照表 2.1，在"字段名称"列输入字段名称，在"数据类型"列中选择相应的数据类型，在"常规"选项卡中设置字段属性。

（3）选择"文件"→"保存"菜单命令，在弹出的"另存为"对话框的"表名称"文本框中输入"学生"，单击"确定"按钮，保存"学生"表的表结构。

（4）弹出"Microsoft Access"对话框，单击"否"按钮，如图 2.1 所示，先不定义主键。

图 2.1　是否定义主键

（5）"学生"表中记录暂时为空。

实验2.2　修改"学生"表结构

实验要求：使用设计视图修改"学生"表的结构，将"爱好"字段名更改为"兴趣爱好"。

操作步骤

（1）打开"学生管理.accdb"数据库，在导航窗格中双击"学生"表，将表以数据表视图的方式打开，单击状态栏右侧的"设计视图"按钮，切换至设计视图；或者选中左侧导航窗格中的"学生"表，右击，在弹出的快捷菜单中选择"设计视图"命令，将"学生"表以设计视图的方式打开。

（2）选中"字段名称"列中的"爱好"字段，直接更改为"兴趣爱好"。

（3）单击"保存"按钮。

实验2.3　创建其余数据表

实验要求：利用设计视图依次创建表 2.2~表 2.5 所示的"班级""成绩""课程""授课"表。

表 2.2　"班级"表结构

字段名称	数据类型	常规
班级编号	短文本	字段大小：7
班级名称	短文本	字段大小：8
人数	数字	字段大小：整型
班主任	短文本	字段大小：8

表 2.3 "成绩"表结构

字段名称	数据类型	常规
学号	短文本	字段大小：8
课程编号	短文本	字段大小：4
分数	数字	字段大小：整型

表 2.4 "课程"表结构

字段名称	数据类型	常规
课程编号	短文本	字段大小：4
课程名称	短文本	字段大小：8
课程类别	短文本	字段大小：3
学分	数字	字段大小：整型

表 2.5 "授课"表结构

字段名称	数据类型	常规
课程编号	短文本	字段大小：4
班级编号	短文本	字段大小：7
教师编号	短文本	字段大小：4
学年	短文本	字段大小：12
学期	短文本	字段大小：4
学时	数字	字段大小：整型

操作步骤

（1）打开"学生管理．accdb"数据库，选择"创建"→"表格"→"表设计"菜单命令。

（2）以设计视图的方式打开，分别按照表 2.2～表 2.5，在"字段名称"列输入字段名称，在"数据类型"列中选择相应的数据类型，在"常规"选项卡中设置字段属性。

（3）选择"文件"→"保存"菜单命令，在弹出的"另存为"对话框的"表名称"文本框中输入表名称，单击"确定"按钮，分别保存"班级""成绩""课程"和"授课"表的表结构。

（4）弹出"Microsoft Access"对话框，单击"否"按钮，先不定义主键。

（5）表中记录暂时为空。

实验 2.4 设置、更改字段属性

实验要求：

（1）将"学生"表的"性别"字段的"默认值"设置为"男"，"索引"设置为"有（有重复）"；

（2）将"学生"表的"班级编号"字段的"标题"设置为"班级"，定义"班级编号"的"输入掩码"，要求只能输入 7 位数字；

（3）设置"学生"表的"入学成绩"字段的有效性规则，取值范围为 500～600，如果超出范围则提示"请输入 500-600 之间的数据！"。

操作步骤

（1）打开"学生管理.accdb"数据库，以设计视图的方式打开"学生"表。

（2）选中"性别"字段，在其"常规"选项卡中，将"默认值"设置为"男"，"索引"下拉列表框中选择"有（有重复）"。

（3）选中"班级编号"字段，在其"常规"选项卡中，将"标题"设置为"班级"，"输入掩码"设置为"0000000"，如图 2.2 所示。

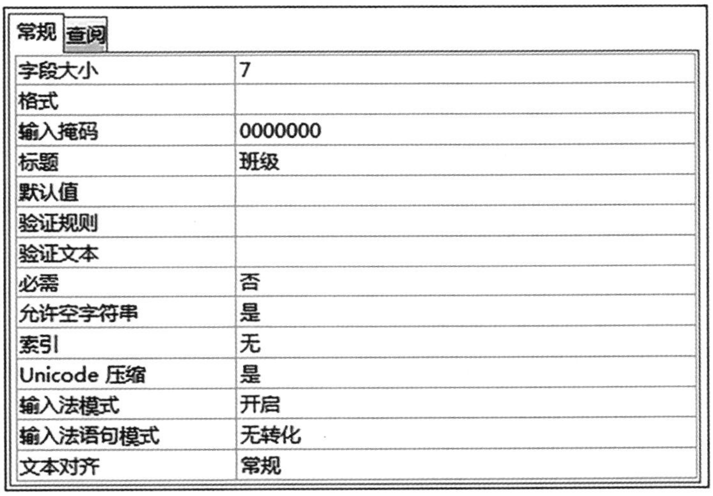

常规 查阅	
字段大小	7
格式	
输入掩码	0000000
标题	班级
默认值	
验证规则	
验证文本	
必需	否
允许空字符串	是
索引	无
Unicode 压缩	是
输入法模式	开启
输入法语句模式	无转化
文本对齐	常规

图 2.2　字段属性值

（4）选中"入学成绩"字段，在其"常规"选项卡中，将"验证规则"设置为"＞＝500 And ＜＝600"，将"验证文本"设置为"请输入 500-600 之间的数据！"，如图 2.3 所示。

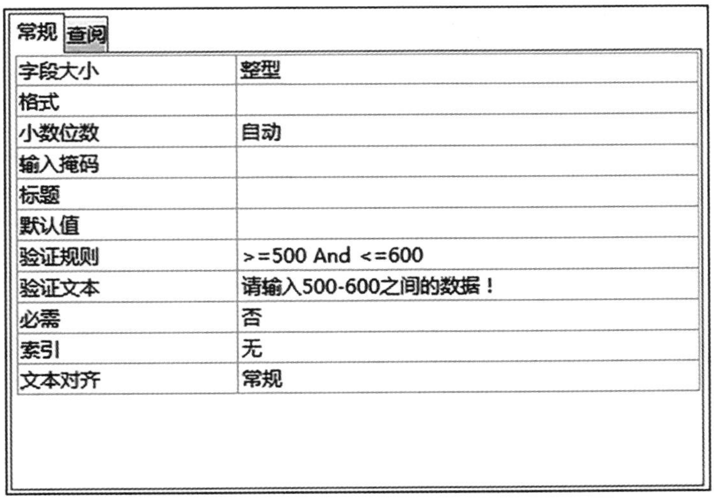

常规 查阅	
字段大小	整型
格式	
小数位数	自动
输入掩码	
标题	
默认值	
验证规则	>=500 And <=600
验证文本	请输入500-600之间的数据！
必需	否
索引	无
文本对齐	常规

图 2.3　验证规则

（5）弹出"Microsoft Access"对话框，单击"是"按钮，如图 2.4 所示，更改数据完整性规则。

图 2.4　确认更改数据完整性规则

（6）选择"文件"→"保存"菜单命令，保存更改后的表结构。

实验 2.5　设置主键

实验要求：

（1）将"学号"字段设置为"学生"表的主键；

（2）将"班级编号"字段设置为"班级"表的主键；

（3）将"课程编号"字段设置为"课程"表的主键；

（4）将"学号"和"课程编号"字段设置为"成绩"表的主键；

（5）将"课程编号""班级编号"和"教师编号"字段设置为"授课"表的主键。

操作步骤

（1）以设计视图的方式打开"学生"表，选中"学号"字段，右击，在弹出的快捷菜单中选择"主键"命令，如图 2.5 所示；或者选中"学号"字段，选择"表格工具"→"设计"→"工具"菜单命令，单击"主键"按钮。用同样的方法分别设置"班级"表、"课程"表的主键。

（2）以设计视图的方式打开"成绩"表，按〈Ctrl〉键的同时选中"学号"字段和"课程编号"字段，右击，在弹出的快捷菜单中选择"主键"命令，或者选择"表格工具"→"设计"→"工具"菜单命令，单击"主键"按钮。用同样的方法设置"授课"表的主键。

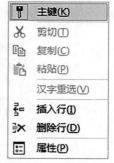

图 2.5　设置主键

实验 3　表记录的操作

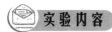 **实验目的**

（1）熟练掌握表记录的输入、追加和替换。
（2）熟练掌握表记录数据的浏览和编辑修改。
（3）掌握表数据的排序方法。
（4）掌握表数据的筛选方法。

实验内容

实验 3.1　录入"学生"表记录

实验要求：为"学生"表逐行录入如表 3.1 所示的记录。

表 3.1　"学生"表记录

学号	姓名	性别	出生日期	党员否	入学成绩	班级编号	兴趣爱好
20220001	蔡婷	女	2004/10/10	否	521	2022002	游泳，旅游
20220010	陈辉	男	2004/3/8	否	505	2022001	游泳，摄影
20220111	苏超	男	2004/5/20	是	532	2022006	体育，唱歌
20220135	杨静仪	女	2004/11/11	否	511	2022002	游泳，电影
20221445	苏敏	女	2002/5/27	否	510	2022003	电影，体育
20222278	郑义	男	2003/1/9	是	545	2022006	摄影，唱歌
20223228	封超	男	2002/12/10	否	524	2022001	游泳，体育
20223245	王冰	女	2004/1/10	是	509	2022006	摄影，旅游
20223500	李鸣	男	2003/12/12	否	527	2022003	体育，电竞
20224321	赵茗	女	2003/8/8	否	531	2022002	电影，旅游

操作步骤

（1）打开"学生管理.accdb"数据库，在导航窗格中双击"学生"表，以数据表视图的方式打开"学生"表。

（2）从第一条空记录（第一行）的第一个字段（第一列）依次输入"学号""姓名"和"性别"等字段的值，下一字段转换按〈Enter〉键或〈Tab〉键均可。

（3）输入完一条记录后，按〈Enter〉键或〈Tab〉键转至下一条记录，继续新记录的录入。

（4）全部记录输入完成后，单击快速工具栏上的"保存"按钮，或者右击选项卡中的表名，在弹出的快捷菜单中选择"保存"命令，将录入记录进行保存。

实验 3.2　录入"班级"表、"成绩"表、"课程"表、"授课"表记录

实验要求：录入表 3.2~表 3.5 所示的记录。

表 3.2　"班级"表记录

班级编号	班级名称	人数	班主任
2022001	经济 2201	40	胡刚
2022002	经济 2202	38	赵云平
2022003	商务 2201	42	王宝胜
2022004	商务 2202	41	李慧娜
2022005	设计 2201	20	周悦
2022006	设计 2202	19	张运达
2022007	财务 2201	35	崔乐
2022008	财务 2202	36	王艳丽

表 3.3　"成绩"表记录

学号	课程编号	分数
20220001	J005	92
20220001	Z005	100
20220010	J001	97
20220010	Z002	85
20220111	J004	95
20220111	Z004	85
20220135	J003	88
20220135	Z003	89
20221445	J005	87
20221445	Z005	99
20222278	J001	82
20222278	Z001	95

学号	课程编号	分数
20223228	J003	94
20223228	Z003	52
20223245	J004	88
20223245	Z005	57
20223500	J002	68
20223500	Z002	82
20224321	J002	76
20224321	Z002	60

表 3.4　"课程" 表记录

课程编号	课程名称	课程类别	学分
J001	大学计算机基础	基础课	3
J002	C 语言	基础课	3
J003	大学英语	基础课	3
J004	毛泽东思想概论	基础课	3
J005	马克思主义哲学	基础课	3
Z001	会计学	专业课	2
Z002	审计学	专业课	2
Z003	经济学	专业课	2
Z004	法学	专业课	2
Z005	货币银行学	专业课	2
Z006	市场营销	专业课	2

表 3.5　"授课" 表记录

课程编号	班级编号	教师编号	学年	学期	学时
J001	2022001	0221	2022 至 2023	第一学期	48
J002	2022002	0310	2022 至 2023	第二学期	48
J003	2022003	0457	2022 至 2023	第一学期	48
J004	2022004	0530	2022 至 2023	第一学期	48
J005	2022005	0678	2022 至 2023	第二学期	48
Z001	2022006	1100	2022 至 2023	第二学期	32
Z002	2022001	1211	2022 至 2023	第二学期	32
Z003	2022002	1420	2022 至 2023	第二学期	32

操作步骤

（1）打开"学生管理.accdb"数据库，在导航窗格中分别选中"班级"表、"成绩"表、"课程"表和"授课"表并双击，以数据表视图的方式打开表。

（2）从第一条空记录（第一行）的第一个字段（第一列）依次分别输入表的字段值，按〈Enter〉键或〈Tab〉键进行下一字段的输入。

（3）输入完一条记录后，按〈Enter〉键或〈Tab〉键转至下一条记录，继续新记录的录入。

（4）全部记录输入完成后，单击快速工具栏上的"保存"按钮，或者右击选项卡中的表名，在弹出的快捷菜单中选择"保存"命令，将录入记录进行保存。

实验 3.3 表中数据的删除

实验要求：在"课程"表中删除课程编号为"Z006"的记录。

操作步骤

（1）以数据表视图的方式打开"课程"表。

（2）选中课程编号为"Z006"的记录，选择"开始"→"记录"菜单命令，单击"删除"按钮；或者选中记录后，右击，在弹出的快捷菜单中选择"删除记录"命令，弹出"Microsoft Access"对话框，单击"是"按钮，如图 3.1 所示。

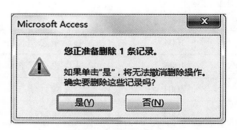

图 3.1 删除记录

实验 3.4 数据的排序

实验要求：以"入学成绩"降序排序"学生"表，结果如图 3.2 所示。

学号	姓名	性别	出生日期	党员否	入学成绩	班级	兴趣爱好
20222278	郑义	男	2003/1/9	☑	545	2022006	摄影，唱歌
20220111	苏超	男	2004/5/20	☑	532	2022006	体育，唱歌
20224321	赵茗	女	2003/8/8	☐	531	2022002	电影，旅游
20223500	李鸣	男	2003/12/12	☐	527	2022003	体育，电竞
20223228	封超	男	2002/12/10	☐	524	2022001	游泳，体育
20220001	蔡婷	女	2004/10/10	☐	521	2022002	游泳，旅游
20220135	杨静仪	女	2004/11/11	☐	511	2022002	游泳，电影
20221445	苏敏	女	2002/5/27	☐	510	2022003	电影，体育
20223245	王冰	女	2004/1/10	☑	509	2022006	摄影，旅游
20220010	陈辉	男	2004/3/8	☐	505	2022001	游泳，摄影
*		男		☐			

记录: ◄ 第 1 项(共 10 项) ► ►► ▼ 无筛选器 搜索

图 3.2 排序结果

操作步骤

（1）以数据表视图的方式打开"学生"表。

（2）单击"入学成绩"字段名称右侧的下拉按钮，在弹出的下拉列表框中选择"降序"，如图3.3所示。

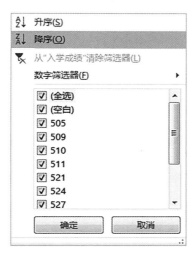

图3.3　降序排序

（3）在关闭数据表视图时，系统会提示保存，根据需要选择是否保存排序后的结果。

实验 3.5　数据的筛选和高级筛选

实验要求：采用筛选和高级筛选两种方式在"学生"表中筛选出2004年出生的中共党员学生信息，结果如图3.4所示。

学号	姓名	性别	出生日期	党员否	入学成绩	班级	兴趣爱好
20220111	苏超	男	2004/5/20	☑	532	2022006	体育，唱歌
20223245	王冰	女	2004/1/10	☑	509	2022006	摄影，旅游
*		男		☐			

记录: ◄ 第1项(共2项) ► ►► ►* ▼已筛选　搜索

图3.4　筛选结果

操作步骤

1）"筛选"操作步骤

（1）以数据表视图的方式打开"学生"表。

（2）单击"性别"字段名称右侧的下拉按钮，在弹出的下拉列表框中选择"日期筛选器"→"介于"菜单命令，弹出"日期范围"对话框，按图3.5所示输入最早日期和最近日期，单击"确定"按钮。

（3）单击"党员否"字段名称右侧的下拉按钮，在弹出的下拉列表框中仅勾选"Yes"复选框，如图 3.6 所示。

图 3.5　输入日期范围

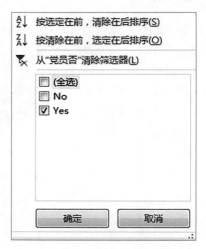

图 3.6　勾选"Yes"复选框

（4）关闭数据表视图时，系统会提示保存，用户可根据需要选择是否保存筛选后的结果。

2）"高级筛选"操作步骤

（1）以数据表视图的方式打开"学生"表。

（2）选择"开始"→"排序和筛选"→"高级"→"高级筛选/排序"菜单命令，如图 3.7 所示。

（3）"学生"表显示在设计窗口的上部窗格，在设计窗口的下部窗格设置筛选条件，选择"出生日期"和"党员否"两个字段，条件的设置如图 3.8 所示。

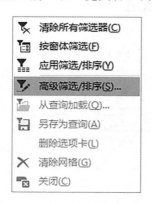

图 3.7　选择"高级筛选/排序"

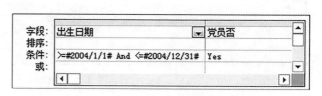

图 3.8　筛选条件的设置

（4）选择"开始"→"排序和筛选"菜单命令，单击"切换筛选"按钮，查看图 3.4 所示的筛选结果。

实验 4　表间关系建立和数据的导出

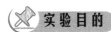

实验目的

（1）掌握数据的导入和导出方法。
（2）掌握建立数据表间关系的方法。
（3）掌握编辑数据表间关系的方法。
（4）掌握删除数据表间关系的方法。

实验内容

实验 4.1　从 Excel 文件导入数据

实验要求：将表 4.1 所示的"教师"表录入保存为"教师.xlsx"的 Excel 文件，导入"教师.xlsx"文件到数据库"学生管理.accdb"中生成"教师"表，并按表 4.2 修改表结构。

表 4.1　"教师"表

教师编号	姓名	性别	参加工作时间	党员否	职称
0221	马利	男	1999/4/1	中共党员	教授
0310	王艳丽	女	2015/10/5	群众	讲师
0457	刘明明	女	2003/4/10	中共党员	副教授
0530	胡刚	男	2000/1/10	群众	教授
0678	赵云平	男	2020/4/23	中共党员	讲师
1100	王宝胜	男	2020/7/1	中共党员	讲师
1211	李慧娜	女	1999/12/1	群众	教授
1420	周悦	女	2019/4/25	群众	讲师
1511	张运达	男	2001/6/27	群众	副教授
1600	崔乐	男	2006/5/8	中共党员	教授

表 4.2 "教师"表结构

字段名称	数据类型	常规
教师编号	短文本	字段大小：4
姓名	短文本	字段大小：10
性别	短文本	字段大小：1
参加工作时间	日期/时间	
党员否	短文本	字段大小：10
职称	短文本	字段大小：10

操作步骤

（1）打开 Excel，录入表 4.1 的数据并保存为"教师.xlsx"。

（2）打开"学生管理.accdb"数据库，选择"外部数据"→"导入并链接"→"Excel"菜单命令，打开"获取外部数据−Excel 电子表格"对话框。

（3）单击"文件名"文本框右侧的"浏览"按钮，找寻并选择"教师.xlsx"文件，在"指定数据在当前数据库中的存储方式和存储位置"选项组中选中"将源数据导入当前数据库的新表中"单选按钮，单击"确定"按钮。

（4）在弹出的"导入数据表向导"对话框中，选中"显示工作表"单选按钮，右侧列表框中已默认选中"教师"，单击"下一步"按钮。

（5）在弹出的"导入数据表向导"对话框中，勾选"第一行包含列标题"复选框，单击"下一步"按钮。

（6）在列表框中选择字段，然后在"字段选项"区域内修改选中字段的数据类型，并设置该字段的"索引"，单击"下一步"按钮。

（7）选中"我自己选择主键"单选按钮，在右侧下拉列表框中选择"教师编号"，为新表定义主键。

（8）单击"下一步"按钮，在"导入到表"文本框中输入"教师"，单击"完成"按钮。

（9）以设计视图的方式打开"教师"表，按表 4.2 修改表结构。

（10）弹出"Microsoft Access"对话框，单击"是"按钮，如图 4.1 所示，确认更改表结构。

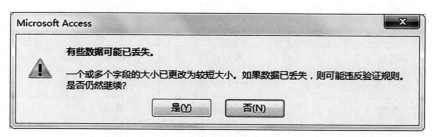

图 4.1 更改确认

（11）保存"教师"表。

实验 4.2　导出数据为 Excel 文件和 PDF 文件

实验要求：

(1) 将“学生”表导出为如图 4.2 所示的 Excel 文件；

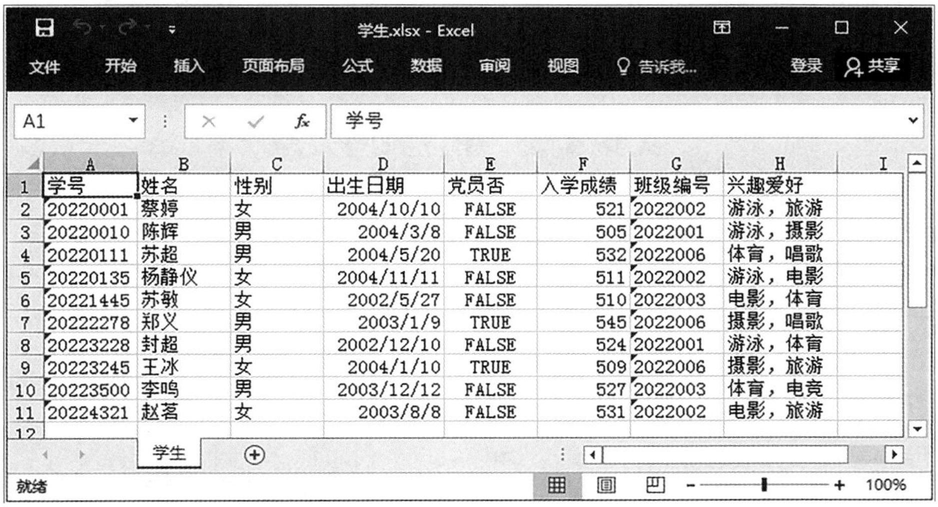

学号	姓名	性别	出生日期	党员否	入学成绩	班级编号	兴趣爱好
20220001	蔡婷	女	2004/10/10	FALSE	521	2022002	游泳，旅游
20220010	陈辉	男	2004/3/8	FALSE	505	2022001	游泳，摄影
20220111	苏超	男	2004/5/20	TRUE	532	2022006	体育，唱歌
20220135	杨静仪	女	2004/11/11	FALSE	511	2022002	游泳，电影
20221445	苏敏	女	2002/5/27	FALSE	510	2022003	电影，体育
20222278	郑义	男	2003/1/9	TRUE	545	2022006	摄影，唱歌
20223228	封超	男	2002/12/10	FALSE	524	2022001	游泳，体育
20223245	王冰	女	2004/1/10	TRUE	509	2022006	摄影，旅游
20223500	李鸣	男	2003/12/12	FALSE	527	2022003	体育，电竞
20224321	赵茗	女	2003/8/8	FALSE	531	2022002	电影，旅游

图 4.2　“学生.xlsx”文件

(2) 将“教师”表导出为如图 4.3 所示的 PDF 文件。

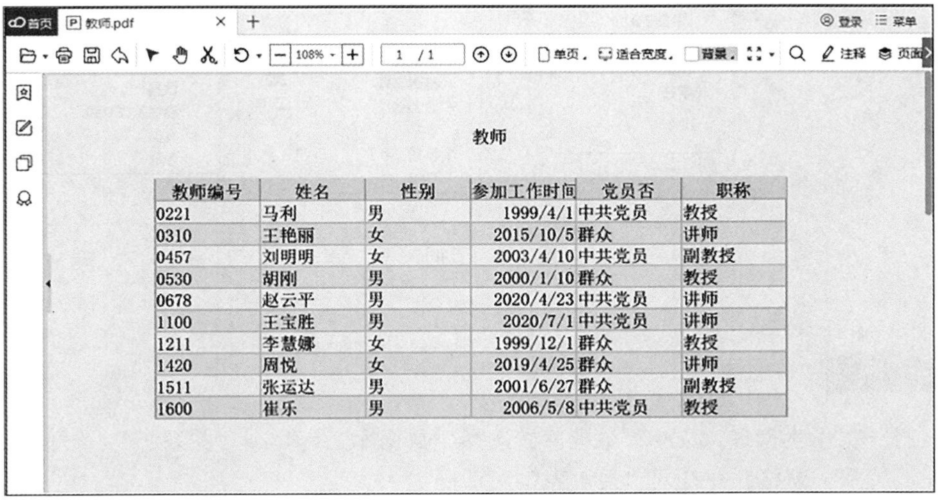

教师

教师编号	姓名	性别	参加工作时间	党员否	职称
0221	马利	男	1999/4/1	中共党员	教授
0310	王艳丽	女	2015/10/5	群众	讲师
0457	刘明明	女	2003/4/10	中共党员	副教授
0530	胡刚	男	2000/1/10	群众	教授
0678	赵云平	男	2020/4/23	中共党员	讲师
1100	王宝胜	男	2020/7/1	中共党员	讲师
1211	李慧娜	女	1999/12/1	群众	教授
1420	周悦	女	2019/4/25	群众	讲师
1511	张运达	男	2001/6/27	群众	副教授
1600	崔乐	男	2006/5/8	中共党员	教授

图 4.3　“教师.pdf”文件

操作步骤

1) 导出为 Excel 文件

(1) 以数据表视图的方式打开“学生”表，选择“外部数据”→“导出”→“Excel”菜单命令。

（2）在弹出的"导出-Excel 电子表格"对话框中，选择保存文件的位置和类型，单击"确定"按钮。

2）导出为 PDF 文件

（1）以数据表视图的方式打开"教师"表，选择"外部数据"→"导出"→"pdf 或 XPS"菜单命令。

（2）在弹出的"发布为 pdf 或 XPS"对话框中，选择保存文件的位置和类型，单击"发布"按钮。

实验 4.3　建立表间关系

实验要求：为"学生"表、"课程"表、"成绩"表、"班级"表、"教师"表和"授课"表建立表间关系，如图 4.4 所示。

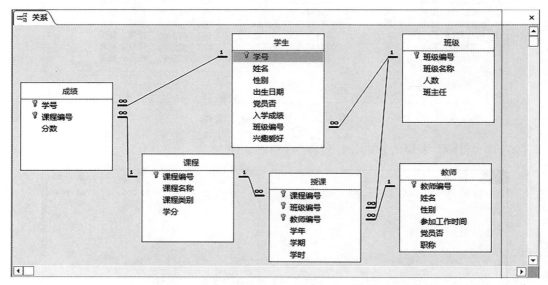

图 4.4　表间关系

操作步骤

（1）打开"学生管理.accdb"数据库，选择"数据库工具"→"关系"→"关系"菜单命令，打开"关系"窗格，并打开"显示表"对话框。

（2）在"显示表"对话框中，分别双击"学生"表、"课程"表、"成绩"表、"班级"表、"教师"表、"授课"表，将其添加到"关系"窗格中。

（3）关闭"显示表"对话框。

（4）选定"学生"表中的"学号"字段，按住鼠标左键并将其拖动到"成绩"表中的"学号"字段上，释放鼠标，弹出"编辑关系"对话框。

（5）勾选"实施参照完整性"复选框，单击"新建"按钮。

（6）依上述步骤，按表 4.3～表 4.6 所示，根据相关字段建立各表间的关系。

表 4.3　与“班级编号”字段相关的表间关系

表	学生	班级	授课
关系	班级编号	班级编号	班级编号

表 4.4　与“教师编号”字段相关的表间关系

表	授课	教师
关系	教师编号	教师编号

表 4.5　与“学号”字段相关的表间关系

表	成绩	学生
关系	学号	学号

表 4.6　与“课程编号”字段相关的表间关系

表	课程	成绩	授课
关系	课程编号	课程编号	课程编号

（7）单击“保存”按钮，保存表之间的关系，单击“关闭”按钮，关闭“关系”窗格。

（8）如果之前输入“成绩”表中的“学号”字段时，不小心输入错误的学号，如图 4.5 所示，学号“2022111”在“学生”表中并不存在。

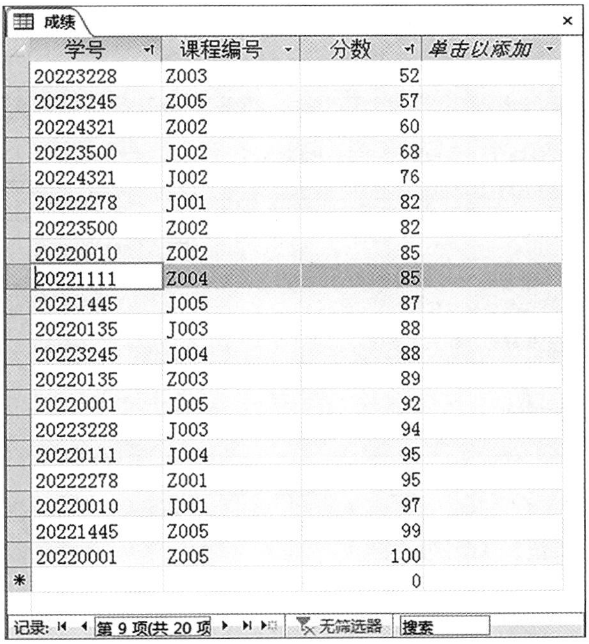
成绩

学号	课程编号	分数	单击以添加
20223228	Z003	52	
20223245	Z005	57	
20224321	Z002	60	
20223500	J002	68	
20224321	J002	76	
20222278	J001	82	
20223500	Z002	82	
20220010	Z002	85	
20221111	Z004	85	
20221445	J005	87	
20220135	J003	88	
20223245	J004	88	
20220135	Z003	89	
20220001	J005	92	
20223228	J003	94	
20220111	J004	95	
20222278	Z001	95	
20220010	J001	97	
20221445	Z005	99	
20220001	Z005	100	
*		0	

记录: 第 9 项(共 20 项　无筛选器　搜索

图 4.5　学号输入有误

（9）在实施参照完整性时会弹出如图 4.6 所示的提示信息，提示不能实施参照完整性，此时需要检查核实信息的正确性。

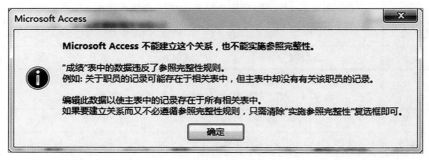

图 4.6　参照完整性提示

实验 4.4　编辑表间关系

实验要求：编辑"学生"表和"成绩"表之间的关系，设定其参照完整性为"级联更新"和"级联删除"。

操作步骤

（1）打开"学生管理.accdb"数据库，选择"数据库工具"→"关系"→"关系"菜单命令，打开"关系"窗格。

（2）选中"学生"表和"成绩"表之间的关系连线，右击，在弹出的"编辑关系"对话框中，勾选"级联更新相关字段"和"级联删除相关记录"复选框，如图 4.7 所示。

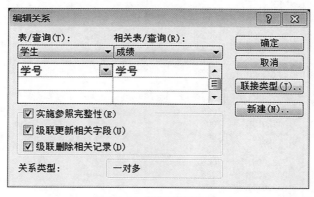

图 4.7　编辑表间关系

（3）单击"确定"按钮，关闭对话框。

实验 5 查询（一）

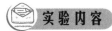

实验目的

（1）掌握选择查询、交叉表查询的建立方法。
（2）掌握利用查询向导建立查询的方法。
（3）掌握运行和修改查询的方法。
（4）掌握汇总查询结果的使用方法。

实验内容

实验 5.1 选择查询：单表简单查询

实验要求：查询 2022003 班的学生信息（班级编号为"2022003"，查询结果包括所有字段），结果如图 5.1 所示。

学号	姓名	性别	出生日期	党员否	入学成绩	班级	兴趣爱好
20221445	苏敏	女	2002/5/27	☐	510	2022003	电影，体育
20223500	李鸣	男	2003/12/12	☐	527	2022003	体育，电竞
*		男		☐			

记录: ◄ 第 1 项(共 2 项) ► ►I ►✻ ✖ 无筛选器 搜索

图 5.1 "查询 5-1"运行结果

操作步骤

（1）打开"学生管理.accdb"数据库，选择"创建"→"查询"→"查询设计"菜单命令，打开"查询"窗口，并弹出"显示表"对话框。

（2）在"显示表"对话框中，双击"学生"表进行添加。

（3）在查询设计器窗口中依次添加需要显示的字段，并在"班级编号"下方的"条件"行中输入"2022003"，保存查询为"查询 5-1"，并选择"设计"→"结果"→"运行"菜单命令。或者在查询设计器窗口的第一列中选择"学生.*"，在第二列中选择"班级编号"，如图 5.2 所示。取消勾选"班级编号"列的"显示"复选框，在下方的"条件"行中输入"2022003"，保存查询为"查询 5-1"，并选择"设计"→"结果"→"运行"菜单命令。

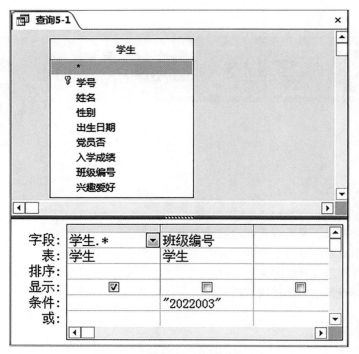

图 5.2 "查询 5-1"设计视图

实验 5.2 选择查询：单表条件查询

实验要求：

（1）统计"学生"表中 2004 年出生的学生人数，结果如图 5.3 所示；

（2）修改"查询 5-2"，更改查询结果中显示的标题内容为"2004 年出生的学生人数"，如图 5.5 所示。

操作步骤

1）选择查询

（1）打开"学生管理.accdb"数据库，选择"创建"→"查询"→"查询设计"菜单命令，打开"查询"窗口，并弹出"显示表"对话框。

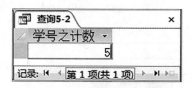

图 5.3 "查询 5-2"运行结果

（2）在"显示表"对话框中，双击"学生"表进行添加。

（3）选择"查询工具"→"设计"→"显示/隐藏"菜单命令，单击"汇总"按钮，在查询设计器窗口中插入"总计"行；添加"学号"字段，将"学号"字段的"总计"行设置为"计数"函数。

（4）添加"出生日期"字段，将"出生日期"字段的"总计"行设置为"Where"，并在"条件"行中输入"Year([出生日期])=2004"，如图 5.4 所示，保存查询为"查询 5-2"。

（5）选择"设计"→"结果"菜单命令，单击"运行"按钮，查询结果如图 5.3 所示。

2）修改查询

图 5.4　"查询 5-2"设计视图

图 5.5　修改"查询 5-2"的运行结果

（1）在左侧导航窗格上侧的 查询 下拉列表框中选择"查询"。

（2）选择"查询 5-2"，右击，在弹出的快捷菜单中选择"设计视图"命令，打开查询设计器窗口。

（3）更改查询设计器窗口中第一个字段内容为"2004 年出生的学生人数：学号"。

（4）保存并运行。

实验 5.3　选择查询：单表分组计数查询

实验要求：查询"教师"表中各职称人数，结果如图 5.6 所示。

操作步骤

（1）打开"学生管理.accdb"数据库，选择"创建"→"查询"→"查询设计"菜单命令，打开"查询"窗口，并弹出"显示表"对话框。

（2）在"显示表"对话框中，双击"教师"表进行添加。

（3）选择"查询工具"→"设计"→"显示/隐藏"菜单命令，单击"汇总"按钮，在查询设计器窗口中插入"总计"行。

（4）添加"职称"字段，将"职称"字段的"总计"行设置为"Group By"；添加"教师编号"字段，将"教师编号"字段的"总计"行设置为"计数"函数。

图 5.6　"查询 5-3"运行结果

(5) 修改"教师编号"字段内容为"人数：教师编号"，如图 5.7 所示

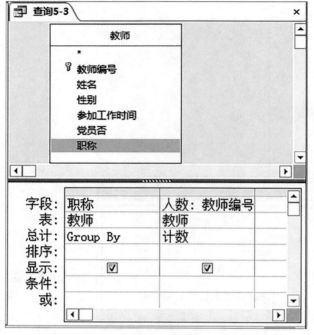

图 5.7 "查询 5-3"设计视图

(6) 选择"设计"→"结果"菜单命令，单击"运行"按钮，查询结果如图 5.6 所示。

实验 5.4 选择查询：多表查询

实验要求：在"学生"表和"班级"表中查询各班入学成绩最高的同学，显示结果包括"班级名称""姓名"和"最高分"3 个字段，如图 5.8 所示。

图 5.8 "查询 5-4"运行结果

操作步骤

(1) 打开"学生管理.accdb"数据库，选择"创建"→"查询"→"查询设计"菜单命令，打开"查询"窗口，并弹出"显示表"对话框。

(2) 在"显示表"对话框中，分别双击"学生"表和"班级"表进行添加。

(3) 选择"查询工具"→"设计"→"显示/隐藏"菜单命令，单击"汇总"按钮，插入"总计"行。

(4) 添加"班级名称"字段，将"班级名称"字段的"总计"行设置为"Group By"；添加"姓名"字段，将"姓名"字段的"总计"行设置为"First"；添加"入学成绩"字段，将"入学成绩"字段的"总计"行设置为"最大值"。

(5) 更改"姓名"字段内容为"姓名：姓名"；更改"入学成绩"字段内容为"最高分：入学成绩"，如图 5.9 所示。

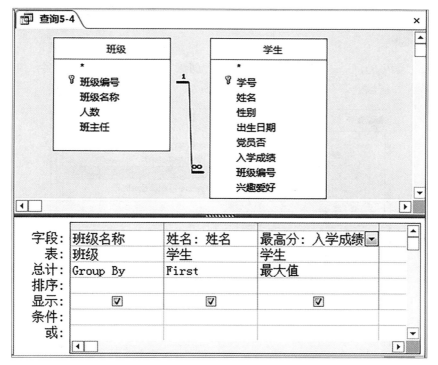

图 5.9 "查询 5-4"设计视图

（6）单击"保存查询"按钮，保存查询为"查询 5-4"。

（7）选择"设计"→"结果"菜单命令，单击"运行"按钮，查询结果如图 5.8 所示。

实验 5.5 利用查询向导查询重复项

实验要求：利用查询向导建立重复项查询，查询各职称教师的信息，包括姓名与参加工作时间，结果如图 5.10 所示。

职称	姓名	参加工作时间
副教授	张运达	2001/6/27
副教授	刘明明	2003/4/10
讲师	周悦	2019/4/25
讲师	王宝胜	2020/7/1
讲师	赵云平	2020/4/23
讲师	王艳丽	2015/10/5
教授	崔乐	2006/5/8
教授	李慧娜	1999/12/1
教授	胡刚	2000/1/10
教授	马利	1999/4/1

记录：第 1 项(共 10 项) 无筛选器 搜索

图 5.10 "查询 5-5"运行结果

🎯 **操作步骤**

（1）打开"学生管理.accdb"数据库，选择"创建"→"查询"菜单命令，单击"查询向导"按钮，弹出"新建查询"对话框，如图 5.11 所示。

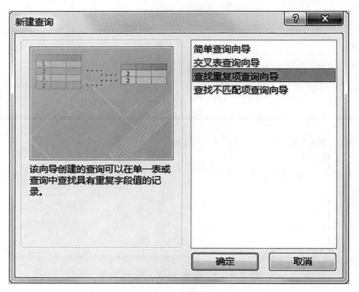

图 5.11　"新建查询"对话框

（2）在"新建查询"对话框中，选中"查找重复项查询向导"，单击"确定"按钮，弹出"查找重复项查询向导"对话框。

（3）在"查找重复项查询向导"对话框中，选中"视图"栏中的"表"单选按钮。在列表框中选择"表：教师"，如图 5.12 所示，单击"下一步"按钮。

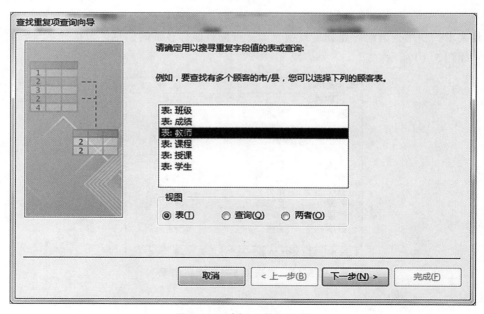

图 5.12　选择"教师"表

（4）在显示提示"请确定可能包含重复信息的字段"的"查找重复项查询向导"对话框中，在左边"可用字段"列表框中，选中"职称"，再单击 > 按钮，把"职称"字段从"可用字段"列表框移到"重复值字段"列表框，如图5.13所示，单击"下一步"按钮。

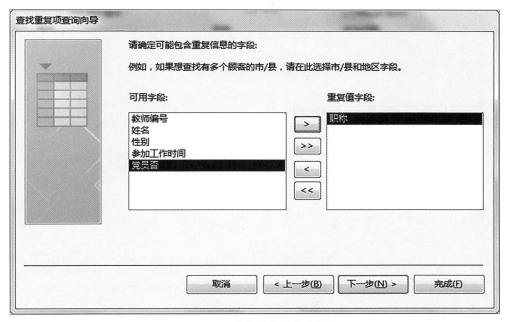

图 5.13　选择重复信息字段

（5）在显示提示"请确定查询是否显示除带有重复值的字段之外的其他字段"的"查找重复项查询向导"对话框中，将"姓名"字段和"参加工作时间"字段从左边列表框中移到"另外的查询字段"列表框中，如图5.14所示，单击"下一步"按钮。

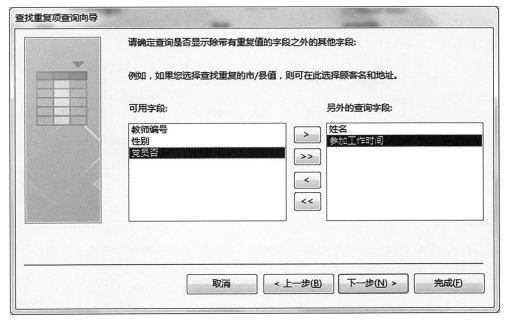

图 5.14　选择其他显示字段

（6）在显示提示"请指定查询的名称"的"查找重复项查询向导"对话框中，输入查询名称"查询 5-5"，其他设置不变，如图 5.15 所示。

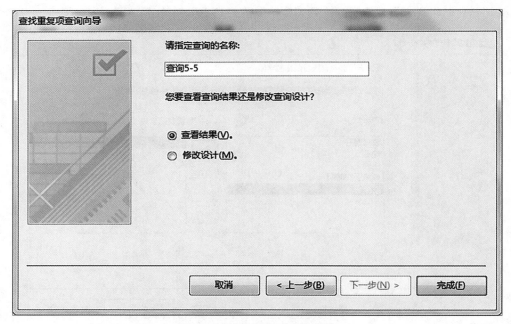

图 5.15　输入重复项查询名称

（7）单击"完成"按钮，查询重复项的结果如图 5.10 所示。

实验 5.6　利用查询向导查询不匹配项

实验要求：利用查询向导建立不匹配项查询，查询 2022 至 2023 学年"课程"表与"授课"表不匹配的课程，结果如图 5.16 所示。

图 5.16　"查询 5-6"运行结果

操 作 步 骤

（1）打开"学生管理.accdb"数据库，选择"创建"→"查询"菜单命令，单击"查询向导"按钮，弹出"新建查询"对话框。

（2）在"新建查询"对话框中，选中"查找不匹配项查询向导"，单击"确定"按钮，如图 5.17 所示，弹出"查找不匹配项查询向导"对话框。

（3）在"查找不匹配项查询向导"对话框中，选中"视图"栏中的"表"单选按钮。在

"在查询结果中，哪张表或查询包含您想要的记录？"列表框中选择"表：课程"，如图 5.18 所示。单击"下一步"按钮。

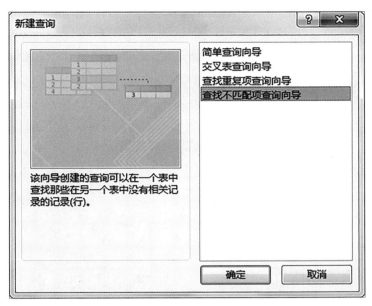

图 5.17 查找不匹配项查询向导

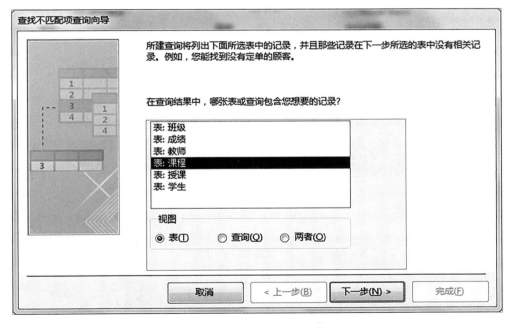

图 5.18 选择"课程"表

（4）在显示提示"请确定哪张表或查询包含相关记录"的"查找不匹配项查询向导"对话框中，选中"视图"栏中的"表"单选按钮，在列表框中选择"表：授课"，如图 5.19 所示。单击"下一步"按钮。

（5）在显示提示"请确定在两张表中都有的信息"的"查找不匹配项查询向导"对话框中，分别选中"课程"表中的"课程编号"字段与"授课"表中的"课程编号"字段，单击

<=> 按钮进行匹配，如图 5.20 所示。单击"下一步"按钮。

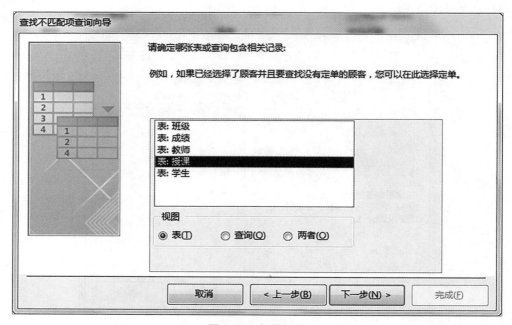

图 5.19　相关记录

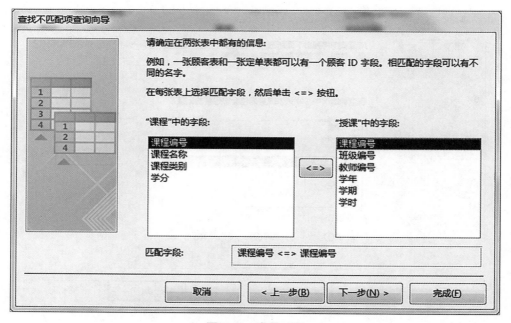

图 5.20　字段匹配

（6）在显示提示"请选择查询结果中所需的字段"的"查找不匹配项查询向导"对话框中，将"可用字段"列表框中的全部字段移至"选定字段"列表框中，如图 5.21 所示。单击"下一步"按钮。

（7）在"请指定查询名称"文本框中输入"查询 5-6"，如图 5.22 所示。单击"完成"按钮，显示该查询结果，如图 5.16 所示。

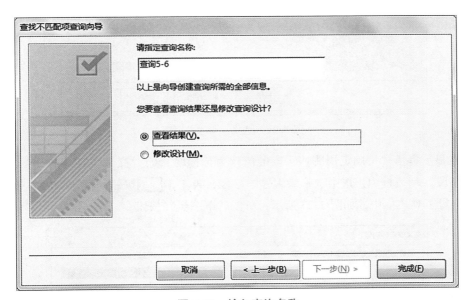

图 5.21　查询结果包含的字段

图 5.22　输入查询名称

实验 5.7　利用查询向导建立交叉表查询

实验要求：利用查询向导建立交叉表查询，计算各班男女生的人数，结果如图 5.23 所示。

操作步骤

（1）打开"学生管理.accdb"数据库，选择"创建"→"查询"菜单命令，单击"查询向导"按钮，弹出"新建查询"对话框。

（2）在"新建查询"对话框中，选中"交叉表查询向导"，单击"确定"按钮，弹出"交叉表查询向导"对话框。

（3）在"交叉表查询向导"对话框中，选中"视图"栏中的"表"单选按钮。在对话框右侧的表名列表框中选择"表：学生"，如图5.24所示。单击"下一步"按钮。

图 5.23 "查询5-7"运行结果

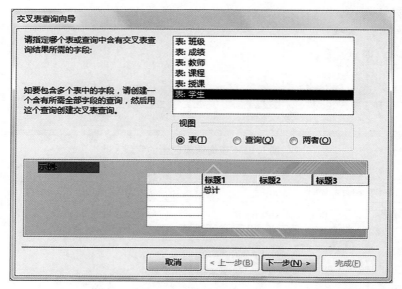

图 5.24 选择"学生"表

（4）在显示提示"请确定用哪些字段的值作为行标题"的"交叉表查询向导"对话框中，在"可用字段"列表框中，选中"班级编号"字段，再单击 `>` 按钮，将"班级编号"字段移至"选定字段"列表框中，如图5.25所示。单击"下一步"按钮。

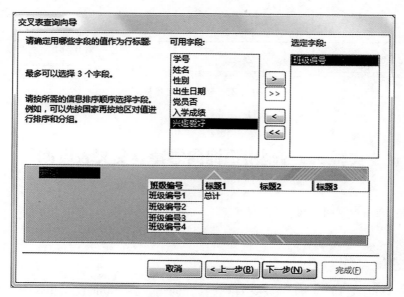

图 5.25 选择行标题

（5）在显示提示"请确定用哪个字段的值作为列标题"的"交叉表查询向导"对话框中，在列表框中选择"性别"字段，如图 5.26 所示。单击"下一步"按钮。

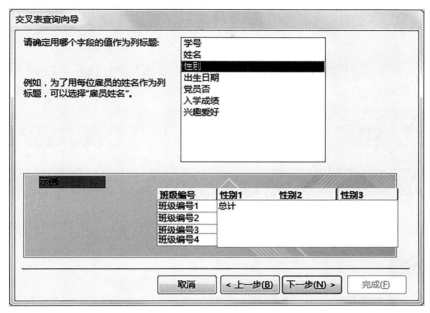

5.26　选择列标题

（6）在显示提示"请确定为每个列和行的交叉点计算出什么数字"的"交叉表查询向导"对话框中，在"字段"列表框中选择"学号"字段，在"函数"列表框中选择"计数"字段。取消勾选"是，包括各行小计"复选框，即不为每一行作小计，如图 5.27 所示。单击"下一步"按钮。

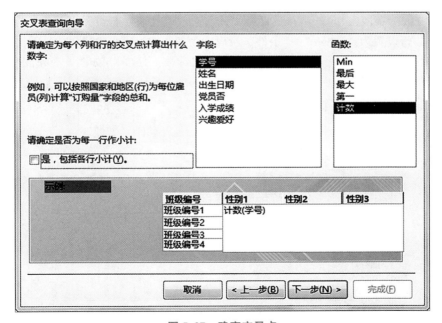

图 5.27　确定交叉点

（7）在显示提示"请指定查询的名称"的"交叉表查询向导"对话框中，输入"查询 5–

7"，其他设置不变，单击"完成"按钮，查询结果如图 5.23 所示。

实验 5.8　利用查询设计器窗口建立交叉表查询

实验要求：利用查询设计器窗口建立交叉表查询，查找各班各科成绩为 80～90 分的人数，结果如图 5.28 所示。

班级名称	大学计算机	大学英语	法学	经济学	马克思主义哲学	毛泽东概论	审计学
经济2201							1
经济2202		1		1			
商务2201					1		1
设计2202	1		1			1	

记录: ◄ 第 1 项(共 4 项) ► ►◄ ▼ 无筛选器 搜索

图 5.28　"查询 5-8"运行结果

操作步骤

（1）打开"学生管理.accdb"数据库，选择"创建"→"查询"→"查询设计"菜单命令，打开"查询"窗口，并弹出"显示表"对话框。

在"显示表"对话框中，分别双击"班级"表、"学生"表、"成绩"表和"课程"表进行添加。

（2）选择"查询工具"→"设计"→"查询类型"菜单命令，单击"交叉表"。在查询设计器窗口中，添加"班级名称"字段，"总计"行设置为"Group By"，"交叉表"行设置为"行标题"；添加"课程名称"字段，"总计"行设置为"Group By"，"交叉表"行设置为"列标题"；添加"分数"字段，"总计"行设置为"计数"，"交叉表"行设置为"值"；添加"分数"字段，"总计"行设置为"Where"，"条件"行设置为"＞＝80 And ＜90"。

（3）更改第一个"分数"字段的内容为"分数之计数：分数"，如图 5.29 所示。

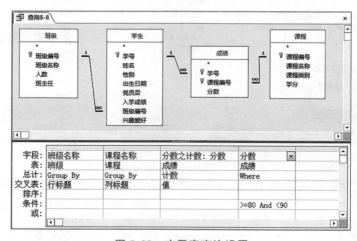

图 5.29　交叉表查询设置

（4）保存查询名称为"查询 5-8"，并运行查询，结果如图 5.28 所示。

实验 6 查询（二）

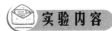 **实验目的**

（1）掌握建立操作查询的方法。
（2）掌握建立参数查询的方法。
（3）掌握建立 SQL 查询的方法。

实验内容

实验 6.1 创建生成表查询

实验要求：创建生成表查询，生成新表"经济 2202 班入学成绩"，查询经济 2202 班学生的入学成绩，包含"学号""姓名""班级名称"和"入学成绩"字段，结果如图 6.1 所示。

学号	姓名	班级名称	入学成绩
20220001	蔡婷	经济2202	521
20220135	杨静仪	经济2202	511
20224321	赵茗	经济2202	531

图 6.1 生成表查询结果

操作步骤

（1）打开"学生管理.accdb"数据库，选择"创建"→"查询"菜单命令，单击"查询设计"按钮，打开"查询"窗口，并弹出"显示表"对话框。

（2）在"显示表"对话框中添加"学生"表和"班级"表。

（3）选择"查询工具"→"设计"→"查询类型"菜单命令，单击"生成表"按钮，在弹出的"生成表"对话框中输入生成新表的名称"经济 2202 班入学成绩"，然后按图 6.2 进行设置。

（4）保存查询为"查询 6-1"并运行，弹出如图 6.3 所示的提示对话框，单击"是"按钮。

（5）在数据库左侧导航窗格中选择"经济 2202 班入学成绩"表，查看生成的新表数据，如图 6.1 所示。

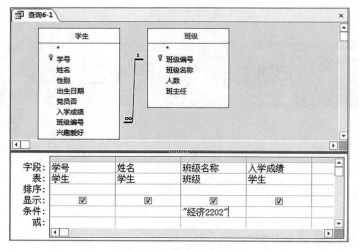

图 6.2　生成表查询设置

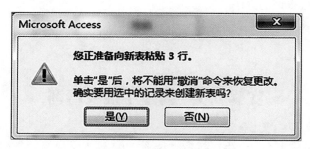

图 6.3　提示对话框

实验 6.2　创建追加查询

实验要求：将经济 2201 班的学生信息，包含"学号""姓名""班级名称"和"入学成绩"4 个字段，追加到"经济 2202 班入学成绩"表中，结果如图 6.4 所示。

操作步骤

（1）打开"学生管理 . accdb"数据库，选择"创建"→"查询"菜单命令，单击"查询设计"按钮，打开"查询"窗口，并弹出"显示表"对话框。

（2）在"显示表"对话框中添加"学生"表和"班级"表。

学号	姓名	班级名称	入学成绩
20220001	蔡婷	经济2202	521
20220135	杨静仪	经济2202	511
20224321	赵茗	经济2202	531
20220010	陈辉	经济2202	505
20223228	封超	经济2201	524

图 6.4　追加表查询结果

（3）选择"查询工具"→"设计"→"查询类型"菜单命令，单击"追加"按钮，在弹出的"追加"对话框的"表名称"下拉列表框中选择"经济 2202 班入学成绩"，如图 6.5 所示。单击"确定"按钮。

（4）在查询设计器窗口中进行图 6.6 所示的设置。

（5）保存查询名称为"查询 6-2"，并运行，弹出如图 6.7 所示的追加提示，单击"是"按钮。

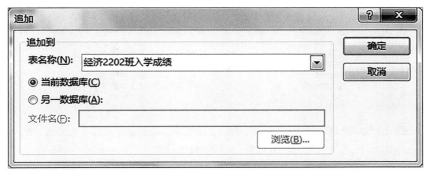

图 6.5　追加表

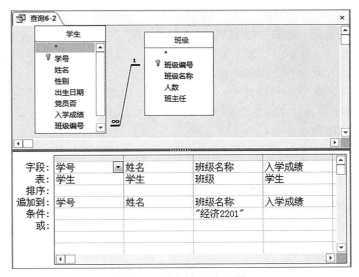

图 6.6　追加表查询设置

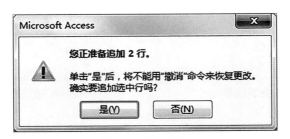

图 6.7　追加提示

（6）在数据库左侧导航窗格中选择"经济 2202 班入学成绩"表，查看运行结果，如图 6.4 所示。

实验 6.3　创建更新查询

实验要求：将"授课"表中学时为 48 的课程的学时更新为 32 学时，学时为 32 的课程的学时更新为 30 学时，结果如图 6.8 所示。

课程编号	班级编号	教师编号	学年	学期	学时
J001	2022001	0221	2022至2023	第一学期	32
J002	2022002	0310	2022至2023	第二学期	32
J003	2022003	0457	2022至2023	第一学期	32
J004	2022004	0530	2022至2023	第一学期	32
J005	2022005	0678	2022至2023	第二学期	32
Z001	2022006	1100	2022至2023	第二学期	30
Z002	2022007	1211	2022至2023	第二学期	30
Z003	2022008	1420	2022至2023	第二学期	30

记录：第1项(共8项) 无筛选器 搜索

图 6.8 更新表查询结果

操作步骤

（1）打开"学生管理.accdb"数据库，选择"创建"→"查询"→"查询设计"菜单命令，打开"查询"窗口，并弹出"显示表"对话框。

（2）在"显示表"对话框中添加"授课"表。

（3）选择"查询工具"→"设计"→"查询类型"菜单命令，单击"更新"按钮，在查询设计器窗口中进行图 6.9 所示的设置，将 32 学时改为 30 学时。

（4）保存查询名称为"查询6-3-1"，并运行。

（5）重复以上步骤，在查询设计器窗口中进行图 6.10 所示的设置，将 48 学时改为 32 学时，保存查询名称为"查询6-3-2"，并运行，结果如图 6.8 所示。

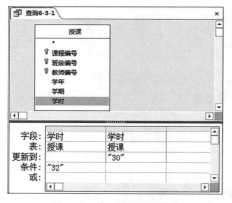

图 6.9 第一次更新设置

图 6.10 第二次更新设置

实验 6.4 创建删除查询

实验要求：创建删除查询，将"经济 2202 班入学成绩"表中的经济 2201 班学生信息删除。

操作步骤

（1）打开"学生管理.accdb"数据库，选择"创建"→"查询"→"查询设计"菜单命令，打开"查询"窗口，并弹出"显示表"对话框。

（2）在"显示表"对话框中添加"经济2202班入学成绩"表。

（3）选择"查询工具"→"设计"→"查询类型"菜单命令，单击"删除"按钮，按图6.11所示进行设置。

（4）保存名称为"查询6-4"，并运行，弹出如图6.12所示的提示对话框，单击"是"按钮，进行删除。

图6.11　删除查询设置

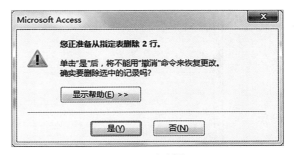

图6.12　删除提示

（5）在数据库左侧导航窗格中选择"经济2202班入学成绩"表，查看表数据。

实验6.5　创建参数查询

实验要求：创建参数查询，通过输入班级编号查看各班的学生情况，查询条件和查询结果如图6.13、图6.14所示。

图6.13　查询条件

学号	姓名	性别	出生日期	党员否	入学成绩	班级	兴趣爱好
20220001	蔡婷	女	2004/10/10	☐	521	2022002	游泳，旅游
20220135	杨静仪	女	2004/11/11	☐	511	2022002	游泳，电影
20224321	赵茗	女	2003/8/8	☐	531	2022002	电影，旅游
*		男		☐			

记录：Ⅰ　◀　第1项(共3项)　▶　▶Ⅰ　▶※　无筛选器　搜索

图6.14　参数查询结果

操作步骤

（1）打开"学生管理.accdb"数据库，选择"创建"→"查询"→"查询设计"菜单命令，打开"查询"窗口，并弹出"显示表"对话框。

（2）在"显示表"对话框中添加"学生"表。

（3）选择"查询工具"→"设计"→"显示/隐藏"菜单命令，单击"参数"按钮，在弹出的"查询参数"对话框中按照图 6.15 所示输入"参数"及"数据类型"。

图 6.15　设定参数

（4）在查询设计器窗口中按照图 6.16 所示进行设置，保存名称为"查询 6-5"，运行查询。

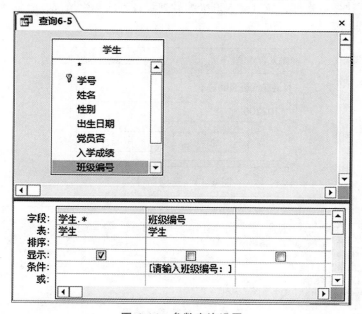

图 6.16　参数查询设置

实验 7　SQL

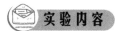

（1）掌握使用 SQL 语句查询数据的方法。

（2）掌握使用 SQL 语句定义数据的方法。

（3）掌握使用 SQL 语句操作数据的方法。

实验内容

实验 7.1　使用 SQL 语句进行数据查询

实验要求：创建 SQL 查询"学生"表中入学成绩高于 520 分的男生信息，结果如图 7.1所示。

学号	姓名	性别	出生日期	党员否	入学成绩	班级	兴趣爱好
20220111	苏超	男	2004/5/20	☑	532	2022006	体育，唱歌
20222278	郑义	男	2003/1/9	☑	545	2022006	摄影，唱歌
20223228	封超	男	2002/12/10	☐	524	2022001	游泳，体育
20223500	李鸣	男	2003/12/12	☐	527	2022003	体育，电竞
*		男		☐			

记录：◄ 第 1 项(共 4 项) ► ►► ▼ 无筛选器　搜索

图 7.1　SQL 查询结果

操作步骤

（1）打开"学生管理.accdb"数据库，选择"创建"→"查询"→"查询设计"菜单命令，打开"查询"窗口，关闭"显示表"对话框。

（2）单击"查询工具"→"设计"→"结果"组的"视图"下拉菜单中的"SQL 视图"，如图 7.2 所示。

（3）在 SQL 视图中输入下列 SQL 语句：

图 7.2　单击"SQL 视图"

```
SELECT  *  FROM  学生  WHERE  入学成绩>520  AND  性别="男"
```

（4）运行查询，保存文件为"查询 7-1"。

注意

在查询窗口，也可以右击查询名称，在弹出的快捷菜单中选择"SQL 视图"命令，进入 SQL 查询的编辑界面。

实验 7.2 验证 SQL 查询

实验要求：根据数据库中的表数据，参照实验 7.1 的操作流程，依次完成如下查询并运行查询结果。

操作步骤

在操作前完成画线部分填空。

1）SQL 简单查询

（1）查询课程表，显示课程全部信息。

SELECT _____ FROM 课程

（2）显示教师表的教师编号、姓名和工龄信息。

SELECT _____ 姓名,Year(Date()) - Year（参加工作时间）As 工龄 FROM 教师

（3）求教师表中所有教师的平均工龄。

SELECT _____ As 平均工龄 FROM 教师

2）带条件查询

（1）列出成绩表中成绩在 80 分以上的相关信息。

SELECT * FROM 成绩 WHERE _____

（2）求班级编号为"2022001"的学生平均年龄。

SELECT avg(Year(Date()) - Year（出生日期））As 平均年龄 FROM 学生 WHERE _____

（3）列出班级编号为"2022001"和"2022002"的学生相关信息。

SELECT 学号,姓名,班级编号,入学成绩 FROM 学生 WHERE _____

（4）列出入学成绩在 520～530 分之间的学生相关信息。

SELECT 学号,姓名,入学成绩 FROM 学生 WHERE 入学成绩 BETWEEN _____

（5）列出所有的姓"王"的学生名单。

SELECT 学号,姓名,性别 FROM 学生 WHERE 姓名 LIKE _____

3）排序查询

（1）按性别顺序列出学生学号、姓名、性别、出生日期及入学成绩，性别相同的再按年龄由大到小排序。

SELECT 学号,姓名,性别,出生日期,入学成绩 FROM 学生 ORDER BY 性别,_____

注意

出生日期与年龄的关系。

（2）将"学生"表按入学成绩降序排序显示所有信息。

SELECT _____ FROM 学生 ORDER BY 入学成绩_____

4）分组查询

（1）分别统计"学生"表中的男女生人数。

SELECT 性别,Count(*) As 人数 FROM 学生_____

（2）按性别统计"教师"表中政治面目为非党员的人数。

SELECT 性别,Count(*) As 人数 FROM 教师 WHERE _____ GROUP BY 性别

（3）列出平均分数大于 75 的课程编号，并按平均分数升序排序。

SELECT 课程编号,Avg(分数) As 平均成绩

FROM 成绩

GROUP BY 课程编号 HAVING　Avg(分数)>75

ORDER BY _____

5）嵌套查询

（1）列出选修"大学计算机基础"的所有学生的学号。

SELECT 学号 FROM 成绩 WHERE 课程编号 =

(SELECT _____ FROM 课程 WHERE 课程名称 ="大学计算机基础")

（2）列出课程编号为"J001"的学生中分数比课程编号为"J002"的最低分数高的学生的学号和分数。

SELECT 学号,分数 FROM 成绩

WHERE 课程编号 ="J001"And 分数>Any

(SELECT _____ FROM 成绩 WHERE 课程编号 ="J002")

（3）列出课程编号为"J001"的学生中分数比课程编号为"J002"的最高分数还要高的学生的学号和分数。

SELECT 学号,分数 FROM 成绩

WHERE 课程编号 ="J001"And 分数>All

(SELECT _____ FROM 成绩 WHERE 课程编号 ="J002")

（4）列出选修"大学计算机基础"或"C语言"的所有学生的学号。

SELECT 学号 FROM 成绩
WHERE 课程编号 IN
(SELECT 课程编号 FROM 课程 WHERE 课程名称=_____)

6）多表查询

（1）输出所有学生的分数，要求给出学号、姓名、课程编号、课程名称和分数。

SELECT a. 学号,a. 姓名,c. 课程编号,c. 课程名称,b. 分数
FROM 学生 a,成绩 b,课程 c
WHERE a. 学号=b. 学号 And _____

（2）显示中共党员学生的指定信息，包括学号、姓名、党员否、课程编号、课程名称和分数。

SELECT a. 学号,a. 姓名,a. 党员否,c. 课程编号,c. 课程名称,b. 分数
FROM 学生 a,成绩 b,课程 c
WHERE a. 学号=b. 学号 And b. 课程编号=c. 课程编号 And _____

（3）求选修课程编号为"J002"课程的女生的平均年龄。

SELECT Avg(Year(Date())- Year(出生日期)) As 平均年龄 FROM 学生,成绩
WHERE 学生 . 学号=成绩 . 学号 And_____ And _____

实验 7.3　使用 SQL 语句定义表结构

实验要求：使用 SQL 语句，建立专业表，表结构为：专业编号 Char（7），专业名称 Char（20），授予学位 Char（3），所属学院 Char（10），专业简介 Text（50），结果如图 7.3 所示。

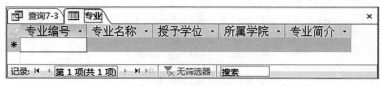

图 7.3　SQL 定义表结构

操作步骤

（1）打开"学生管理 . accdb"数据库，选择"创建"→"查询"→"查询设计"菜单命令，打开"查询"窗口，同时打开"显示表"对话框，关闭"显示表"对话框。

（2）单击"查询工具"→"设计"→"结果"组的"视图"下拉菜单中的"SQL 视图"。

（3）在 SQL 视图中输入下列 SQL 语句：

CREATE TABLE 专业(专业编号 Char(7),专业名称 Char(20),授予学位 Char(3),

所属学院 Char(10),专业简介 Text(50))

（4）运行查询，保存文件为"查询7-3"。

实验 7.4　使用 SQL 语句更新表结构——增加字段

实验要求：使用 SQL 语句为"授课"表增加一个字符型的"教室"字段，字段宽度为5，结果如图 7.4 所示。

课程编号	班级编号	教师编号	学年	学期	学时	教室	单击
J001	2022001	0221	2022至2023	第一学期	32		
J002	2022002	0310	2022至2023	第二学期	32		
J003	2022003	0457	2022至2023	第一学期	32		
J004	2022004	0530	2022至2023	第一学期	32		
J005	2022005	0678	2022至2023	第二学期	32		
Z001	2022006	1100	2022至2023	第二学期	30		
Z002	2022007	1211	2022至2023	第二学期	30		
Z003	2022008	1420	2022至2023	第二学期	30		

图 7.4　增加"教室"字段

操作步骤

（1）打开"学生管理.accdb"数据库，选择"创建"→"查询"→"查询设计"菜单命令，打开"查询"窗口，同时打开"显示表"对话框，关闭"显示表"对话框。

（2）单击"查询工具"→"设计"→"结果"组的"视图"下拉菜单中的"SQL 视图"。

（3）在 SQL 视图中输入下列 SQL 语句：

ALTER TABLE 授课 ADD 教室 Char(5)

实验 7.5　使用 SQL 语句更新表结构——删除字段

实验要求：使用 SQL 语句删除"授课"表中的"教室"字段，结果如图 7.5 所示。

课程编号	班级编号	教师编号	学年	学期	学时	单击以添加
J001	2022001	0221	2022至2023	第一学期	32	
J002	2022002	0310	2022至2023	第二学期	32	
J003	2022003	0457	2022至2023	第一学期	32	
J004	2022004	0530	2022至2023	第一学期	32	
J005	2022005	0678	2022至2023	第二学期	32	
Z001	2022006	1100	2022至2023	第二学期	30	
Z002	2022007	1211	2022至2023	第二学期	30	
Z003	2022008	1420	2022至2023	第二学期	30	

图 7.5　删除"教室"字段

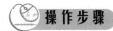 **操作步骤**

略。

参考 SQL 语句：

ALTER TABLE 授课 DROP 教室

实验 7.6 使用 SQL 语句删除表

实验要求：使用 SQL 语句删除"专业"表。

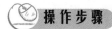 **操作步骤**

略。

参考 SQL 语句：

DROP TABLE 专业

实验 7.7 使用 SQL 语句插入表数据

实验要求：使用 SQL 语句向"学生"表中添加学生记录：学号为 20220078，姓名为张阳，性别为女，班级编号为 2022003，入学成绩为 529，结果如图 7.6 所示。

学号	姓名	性别	出生日期	党员否	入学成绩	班级	兴趣爱好	单击以添加
⊞ 20220001	蔡婷	女	2004/10/10	☐	521	2022002	游泳，旅游	
⊞ 20220010	陈辉	男	2004/3/8	☐	505	2022012	游泳，摄影	
⊞ 20220078	张阳	女		☐	529	2022003		
⊞ 20220111	苏超	男	2004/5/20	☑	532	2022006	体育，唱歌	
⊞ 20220135	杨静仪	女	2004/11/11	☐	511	2022002	游泳，电影	
⊞ 20221445	苏敏	女	2002/5/27	☐	510	2022012	电影，体育	
⊞ 20222278	郑义	男	2003/1/9	☑	545	2022006	摄影，唱歌	
⊞ 20223228	封超	男	2002/12/10	☐	524	2022001	游泳，体育	
⊞ 20223245	王冰	女	2004/1/10	☑	509	2022006	摄影，旅游	
⊞ 20223500	李鸣	男	2003/12/12	☐	527	2022003	体育，电竞	
⊞ 20224321	赵茗	女	2003/8/8	☐	531	2022002	电影，旅游	
＊		男						

记录：◄ ◄ 第 3 项(共 11 项) ► ►I ►※ 无筛选器 搜索

图 7.6 插入记录

略。

参考 SQL 语句：

INSERT INTO 学生(学号,姓名,性别,班级编号,入学成绩)
VALUES ("20220078","张阳","女","2022003",529)

实验 7.8　使用 SQL 语句更新表数据

实验要求:

(1) 使用 SQL 语句将"学生"表中"张阳"的班级编号改为 2022006,结果如图 7.7 所示;

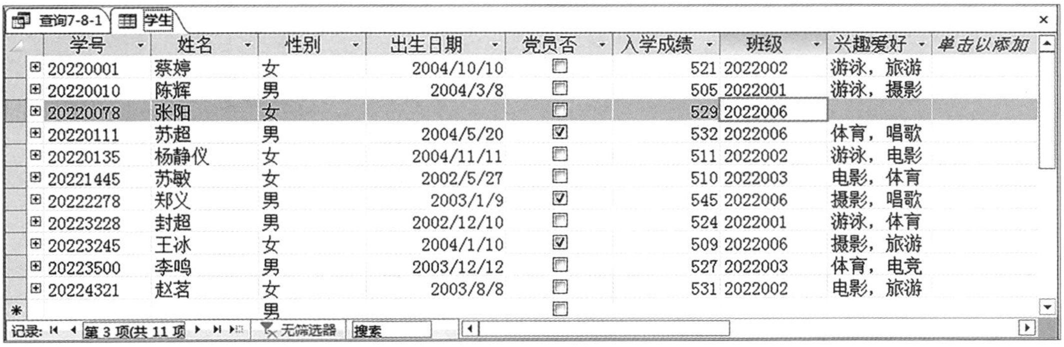

图 7.7　修改字段值

(2) 中共党员学生信息如图 7.8 所示,将"成绩"表中所有中共党员学生的课程成绩加 3 分,结果如图 7.9 所示。

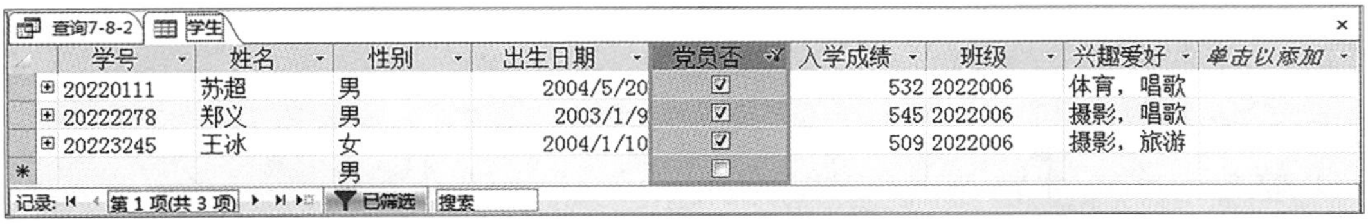

图 7.8　中共党员学生信息

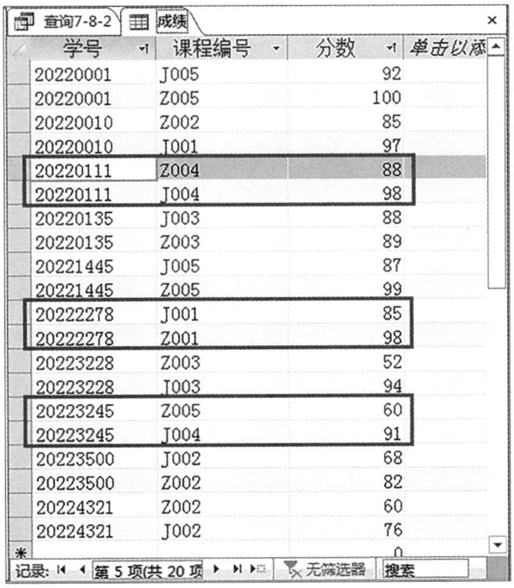

图 7.9　更新中共党员学生的成绩

操作步骤

略。

参考 SQL 语句：

（1）

UPDATE 学生 SET 班级编号 ="2022006"WHERE 姓名 ="张阳"

（2）

UPDATE 成绩 SET 分数 =分数+3
    WHERE 学号 IN (SELECT 学号 FROM 学生 WHERE 党员否)

实验 7.9　使用 SQL 语句删除表数据

实验要求：使用 SQL 语句删除"学生"表中"张阳"的记录。

操作步骤

略。

参考 SQL 语句：

DELETE　FROM　学生　WHERE 姓名 ="张阳"

实验 8　窗体（一）

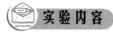 实验目的

（1）掌握创建窗体的几种方法。

（2）掌握进行窗体编辑的方法。

（3）掌握使用窗体操作数据的方法。

实验内容

实验 8.1　创建窗体并进行窗体的编辑

实验要求：在"学生管理.accdb"数据库中，以"学生"表为数据源创建如图 8.1 所示的窗体，窗体名称为"学生信息"。

图 8.1　创建窗体并编辑

操作步骤

（1）打开"学生管理.accdb"数据库，在左侧导航窗格中，选择"学生"表作为窗体的数据源。

（2）选择"创建"→"窗体"→"窗体"菜单命令，立即创建窗体。

（3）在快速访问工具栏中单击"保存"按钮，弹出"另存为"对话框，输入窗体名称"学生信息"，单击"确定"按钮。"学生信息"窗体如图 8.2 所示，窗体上各控件布局及格式需要调整。

图 8.2　利用窗体工具创建窗体

（4）选择"窗体布局工具/设计"→"视图"菜单命令，在"视图"下拉列表框中选择
"设计视图"。

（5）在主体节中，单击左上角的全选按钮 ⊞，选择"窗体布局工具/排列"→"表"菜单
命令，单击"删除布局"按钮。

（6）按〈Ctrl〉键选中"学号""姓名""性别""出生日期""党员否""入学成绩""班
级编号"和"兴趣爱好"字段右侧的文本框，选择"窗体布局工具/设计"→"工具"→"属
性表"菜单命令，在右侧"属性表"窗格的"格式"选项卡中，修改文本框控件"宽度"为
"3 cm"，如图 8.3 所示。

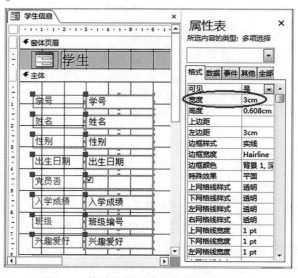

图 8.3　修改字段对应文本框控件的宽度

（7）修改"班级"字段的标签为"班级编号"；同时选中"党员否""入学成绩""班级编号"和"兴趣爱好"4个字段，按住鼠标左键，用鼠标拖曳到主体节中"学号""姓名""性别""出生日期"字段右侧空白处，释放鼠标。选中"学号"和"党员否"字段，选择"窗体布局工具/排列"→"调整大小和排序"菜单命令，选择"对齐"下拉列表框中的"靠上"，如图8.4所示。采用同样的办法调节水平方向上两两相对的字段靠上对齐。

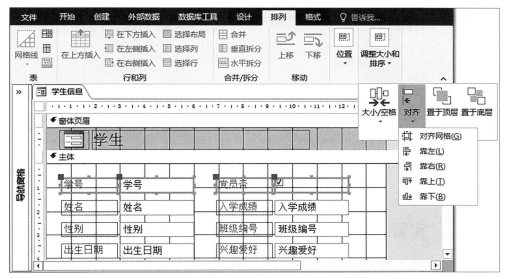

图8.4　字段靠上对齐

（8）选中子窗体控件，选择"窗体布局工具/设计"→"工具"→"属性表"菜单命令，弹出"属性表"窗格，在"格式"选项卡中，设定"宽度"为"9.5 cm"，"高度"为"3 cm"，向上调整子窗体到合适的位置。

（9）选择"窗体布局工具/设计"→"控件"菜单命令，单击"图形"按钮，在主体节的子窗体控件左侧空白处添加图片。在弹出的"插入图片"对话框中选择正确路径，插入"folder. ico"。设定图片控件"宽度"为"1.5 cm"，"高度"为"1.5 cm"。

（10）选择"窗体布局工具/设计"→"调整大小和排序"菜单命令，选择"对齐"下拉列表框中的"靠上""靠右"，分别调整图形与子窗体控件靠上、靠右对齐；与"出生日期"文本框控件靠左对齐。

（11）选中"窗体页眉"中的标签控件，选择"窗体布局工具/设计"→"工具"→"属性表"菜单命令，在右侧"属性表"窗格的"格式"选项卡中，更改"标题"为"学生信息"，设定"字体名称"为"楷体"，设定"字号"为"20"，设定"字体粗细"为"加粗"，如图8.5所示。

（12）调整主体节为合适大小，保存窗体，命名为"学生信息"。

注意

利用窗体工具栏创建窗体时，生成的窗体下部分会出现与记录源有关系的表对象的数据列表，如果不需要，则可以在布局视图下将其选中，然后删除。

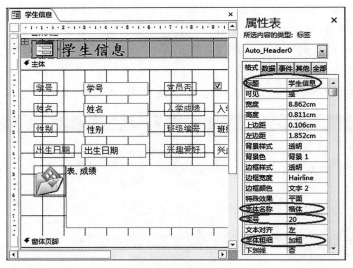

图 8.5　调整标签格式

实验 8.2　创建含有多个文本框的空白窗体

实验要求：在"学生管理.accdb"数据库中，创建如图 8.6 所示的窗体，为每名教师的授课时数增加 16 学时。

图 8.6　创建窗体调整教师授课学时

操作步骤

（1）打开"学生管理.accdb"数据库，选择"创建"→"窗体"→"空白窗体"菜单命令，"窗体 1"以布局视图形式打开。

（2）选择"窗体布局工具/设计"→"调整大小和排序"菜单命令，单击"添加现有字段"，在右侧的"字段列表"窗格中，显示所有表。单击"授课"表前的"折叠加"按钮进行展开，双击所需字段"课程编号"，将"课程编号"字段添加到空白窗体中。

（3）从"字段列表"窗格中依次添加"课程"表的"课程名称"字段、"授课"表的"教师编号"字段、"教师"表的"姓名"字段和"授课"表的"学时"字段，如图 8.7 所示。

图 8.7 添加绑定型文本框

（4）选择"窗体布局工具/设计"→"控件"菜单命令，单击文本框控件，在空白窗体处添加文本框控件，弹出如图 8.8 所示的"文本框向导"对话框，按图示设置完文本框的字体、文本后单击"下一步"按钮。

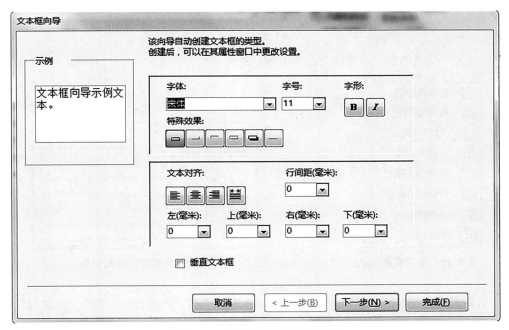

图 8.8 "文本框向导"对话框

（5）在显示提示"输入法模式设置"的"文本框向导"对话框中选取默认设置"随意"，单击"下一步"按钮。

（6）在显示提示"请输入文本框的名称"的"文本框向导"对话框中输入"备注"，如图 8.9 所示，单击"完成"按钮。

（7）在窗体空白处右击，在弹出的快捷菜单中选择"设计视图"命令，如图 8.10 所示。以设计视图的方式打开"窗体 1"。单击右下角的调整柄，调整主体节大小。

（8）选择"窗体布局工具/设计"→"控件"菜单命令，在"其他"下拉列表框中选择

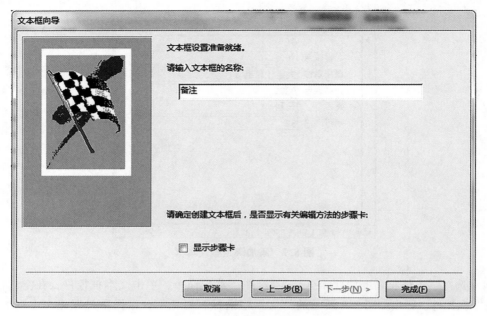

图 8.9　设定文本框标题

"使用控件向导"取消控件向导，单击文本框控件进行添加，文本框的标签设置为"学时调整"。调整当前文本框大小和其他文本框大小相同。

（9）双击"学时调整"右侧的空白文本框，输入"＝［学时］＋16"，如图 8.11 所示。

图 8.10　选择视图模式

图 8.11　设定文本框标题

（10）保存窗体，弹出"另存为"对话框，命名为"调整教师授课学时"。在空白处右击，在弹出的快捷菜单中选择"窗体视图"命令进行查看，在"备注"字段的文本框中输入"增加16 学时"。

（11）利用"字段列表"窗格添加字段时，如果直接添加"课程"表的"课程编号""课程名称"字段，"教师"表的"教师编号""姓名"字段，则不能调整教师授课学时。

如图 8.12 所示，因为"课程"表和"教师"表未建立直接的关系，而两者都和"授课"表有关系，"课程"表的"课程编号"字段与"授课"表的"课程编号"字段存在一对多的关系；"教师"表的"教师编号"字段与"授课"表的"教师编号"字段存在一对多的关系。因此，在添加时，添加"授课"表的"课程编号"和"教师编号"字段，能将"课程"表和"教师"表通过已有关系链接起来。

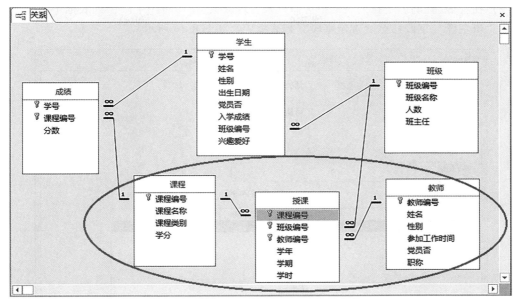

图 8.12　有效的表间关系

实验 8.3　创建嵌套主/子窗体

实验要求：创建嵌套主/子窗体，查看各班级学生的课程学习情况，结果如图 8.13 所示。

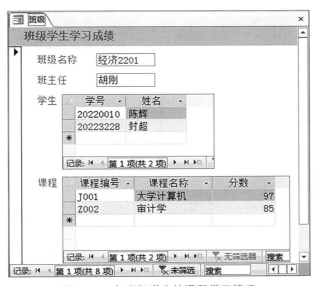

图 8.13　各班级学生的课程学习情况

操作步骤

（1）选择"创建"→"窗体"→"窗体向导"菜单命令，弹出"窗体向导"对话框。

（2）在"表/查询"下拉列表框中选择"表：班级"，将"可用字段"列表框中的"班级名称"和"班主任"字段移至"选定字段"列表框中，如图 8.14 所示。

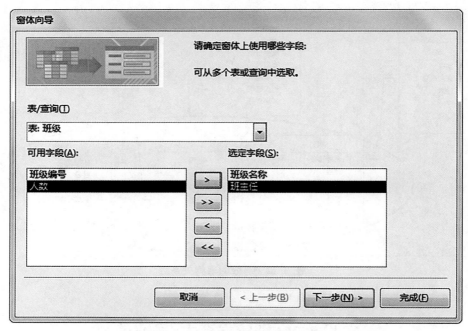

图 8.14　添加"班级"表字段

（3）再次在"表/查询"下拉列表框中选择"表：学生"，将"可用字段"列表框中的"学号"和"姓名"字段移至"选定字段"列表框中，如图 8.15 所示。

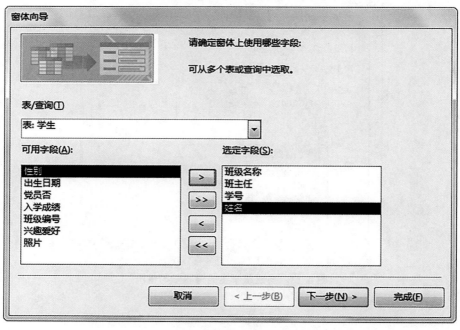

图 8.15　添加"学生"表字段

（4）再次从"表/查询"下拉列表框中选择"表：课程"，将"可用字段"列表框中的"课程编号"和"课程名称"字段移至"选定字段"列表框中，如图 8.16 所示。单击"下一步"
按钮。

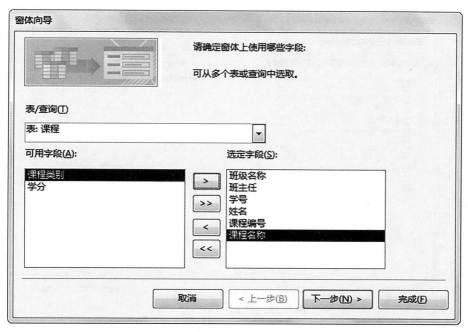

图 8.16　添加"课程"表字段

（5）在显示提示"请确定查看数据的方式"的"窗体向导"对话框中，选择"通过 班级"，
选中"带有子窗体的窗体"单选按钮，确定 3 个窗体的嵌套关系，如图 8.17 所示。单击"下一
步"按钮。

图 8.17　确定查看数据的方式

（6）在显示提示"请确定每个子窗体使用的布局"的"窗体向导"对话框中，为子窗体确定布局均为"数据表"，如图 8.18 所示，单击"下一步"按钮。

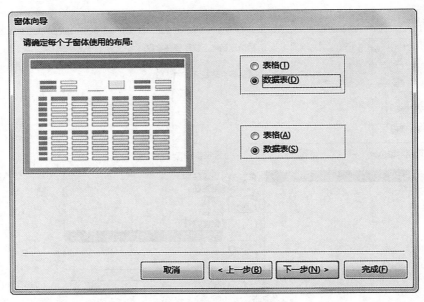

图 8.18　确定子窗体的布局

（7）在显示提示"请为窗体指定标题"的"窗体向导"对话框中，设置"窗体"标题为"班级"，"子窗体"标题为"学生 子窗体"，"子窗体"标题为"课程 子窗体"，选中"打开窗体查看或输入信息"单选按钮，如图 8.19 所示。

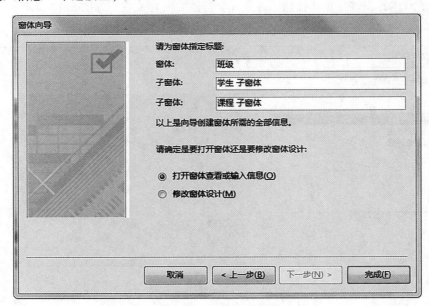

图 8.19　设置窗体标题

（8）单击"完成"按钮。查看"班级"窗体，布局不合理，课程子窗体中不能查阅分数，如图 8.20 所示。

（9）切换到设计视图，选择"窗体布局工具/设计"→"工具"→"属性表"菜单命令，

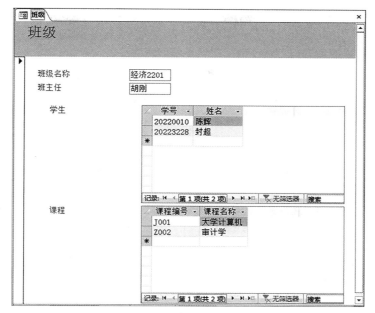

图 8.20　嵌套主/子窗体

在"属性表"窗格中修改窗体页眉的标签标题为"班级学生学习成绩",在"格式"选项卡中,设置"字号"为"12","字体粗细"为"加粗","宽度"为"5 cm","高度"为"0.5 cm";调节窗体页眉为合适高度。

（10）选中"课程"嵌套子窗体的主体节,选择"窗体布局工具/设计"→"工具"→"添加现有字段"菜单命令,在"字段列表"窗格的"其他表中的可用字段"中,展开"成绩"表,拖曳"分数"字段,为嵌套子窗体添加"分数"字段,如图 8.21 所示。

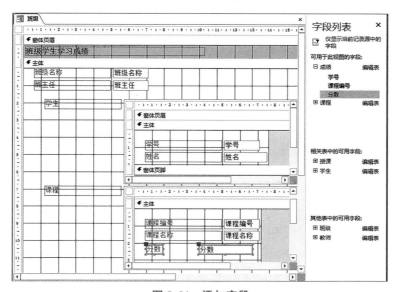

图 8.21　添加字段

（11）在"属性表"窗格的"格式"选项卡中,调整"学生"子窗体内各字段为合适大小,并设置子窗体"宽度"为"6 cm","高度"为"3 cm"。利用"窗体布局工具/排列"→"调整大小和排序"→"对齐"菜单命令,调整"学生 子窗体"和子窗体内各字段的对齐方式,如图 8.22 所示。

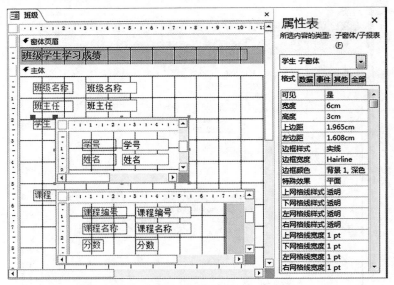

图 8.22　调整"学生 子窗体"及其字段

（12）在"属性表"窗格的"格式"选项卡中，调整"课程"嵌套子窗体的各字段大小，并设置子窗体的"宽度"为"9 cm"，"高度"为"3.5 cm"。利用"窗体布局工具/排列"→"调整大小和排序"→"对齐"菜单命令调整"课程 子窗体"和子窗体内各字段的对齐方式。

（13）选择"窗体视图"，查看各班级中每名同学的各科成绩。

实验 8.4　使用窗体操作数据

实验要求：

对"学生信息"窗体进行以下操作：

（1）筛选查看所有姓"苏"的学生信息；

（2）查找 2022003 班学生成绩；

（3）为"学生信息"窗体添加如图 8.23 所示的新记录，并查看相关数据表的变化。

图 8.23　添加新记录

操作步骤

1）筛选查看信息

（1）双击左侧导航窗格中的"学生信息"窗体，以窗体视图的方式打开"学生信息"窗体。

（2）在"学生信息"窗体中，单击"姓名"字段所对应的文本框，选择"开始"→"排序和筛选"→"筛选器"菜单命令。在弹出的窗格中选择"文本筛选器"→"等于"菜单命令，弹出"自定义筛选"对话框，输入筛选条件"苏＊"，如图8.24所示。

图 8.24　输入筛选条件

（3）单击"确定"按钮，可以查看姓"苏"的学生信息，如图8.25所示。

图 8.25　筛选结果

（4）窗体底部的记录栏中显示，查询到2项记录，当前是第一项。利用该记录栏上的"下一条记录""尾记录""上一条记录""第一条记录"按钮来查看各项记录。

（5）选择"开始"→"排序和筛选"→"切换筛选"菜单命令，取消筛选。

2）添加新记录

（1）单击"班级编号"字段所对应的文本框，选择"开始"→"查找"→"替换"菜单命令，在"查找内容"文本框中输入要查找的班级编号"2022003"，如图8.26所示。

图 8.26　输入查找内容

（2）单击"查找下一个"按钮，可以逐一浏览班级编号为"2022003"的学生信息。如果没有符合当前查找内容的记录，或者已浏览完毕，则将弹出如图 8.27 所示的对话框，表示查找结束。

（3）在窗体底部的记录栏上，单击如图 8.28 所示的"新（空白）记录"按钮，弹出空白窗体，按图 8.23 所示输入新记录。

图 8.27　查找结束

图 8.28　增加新记录

（4）查看"学生"表中新增的记录，如图 8.29 所示。

学号	姓名	性别	出生日期	党员否	入学成绩	班级	兴趣爱好	单
⊞ 20220001	蔡婷	女	2004/10/10	☐	521	2022002	游泳，旅游	
⊞ 20220010	陈辉	男	2004/3/8	☐	505	2022001	游泳，摄影	
⊞ 20220111	苏超	男	2004/5/20	☑	532	2022006	体育，唱歌	
⊞ 20220135	杨静仪	女	2004/11/11	☐	511	2022002	游泳，电影	
⊞ 20221445	苏敏	女	2002/5/27	☐	510	2022003	电影，体育	
⊞ 20222278	郑义	男	2003/1/9	☑	545	2022006	摄影，唱歌	
⊞ 20223228	封超	男	2002/12/10	☐	524	2022001	游泳，体育	
⊞ 20223245	王冰	女	2004/1/10	☑	509	2022006	摄影，旅游	
⊞ 20223500	李鸣	男	2003/12/12	☐	527	2022003	体育，电竞	
⊞ 20224321	赵茗	女	2003/8/8	☐	531	2022002	电影，旅游	
⊞ 20225001	张川	男	2004/6/1	☑	540	2022004	看书，唱歌	
*		男		☐				

记录：◄ ◄ 第 11 项(共 11) ► ►► ►* 无筛选器 搜索

图 8.29　"学生"表中的新增记录

（5）查看"成绩"表中新增的记录，如图 8.30 所示。

学号	课程编号	分数	单击以
20220001	J005	92	
20220001	Z005	100	
20220010	J001	97	
20220010	Z002	85	
20220111	J004	95	
20220111	Z004	85	
20220135	J003	88	
20220135	Z003	89	
20221445	J005	87	
20221445	Z005	99	
20222278	J001	82	
20222278	Z001	95	
20223228	J003	94	
20223228	Z003	52	
20223245	J004	88	
20223245	Z005	57	
20223500	J002	68	
20223500	Z002	82	
20224321	J002	76	
20224321	Z002	60	
20225001	J001	90	
20225001	Z002	92	
*		0	

记录：◄ ◄ 第 21 项(共 22) ► ►► ►* 无筛选器 搜索

图 8.30　"成绩"表中的新增记录

实验 9　窗体（二）

实验目的

（1）掌握利用设计视图创建窗体的方法。

（2）掌握常用控件的使用方法。

实验内容

利用设计视图创建窗体，用于显示和编辑"教师"表中的数据，教师信息第三项记录显示如图 9.1 所示。

图 9.1　"教师信息"窗体

实验 9.1　创建窗体

实验要求：以"教师"表的备份表"教师 2"为数据源创建一个"教师信息"窗体。

操作步骤

（1）在导航窗格中选中"教师"表，右击，在弹出的快捷菜单中选择"复制"命令，再次右击，并在弹出的快捷菜单中选择"粘贴"命令，在弹出的"粘贴表方式"对话框中输入表名"教师2"，选中"结构和数据"单选按钮，如图9.2所示，单击"确定"按钮。

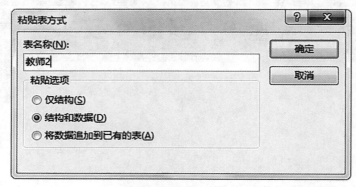

图 9.2 复制"教师"表

（2）在导航窗格中选择"教师2"表，选择"创建"→"窗体"→"窗体设计"菜单命令，以设计视图的方式打开新窗体。

（3）选择"窗体布局工具/设计"→"工具"→"添加现有字段"菜单命令，弹出"字段列表"窗格，依次从"字段列表"窗格的"教师2"表中，拖曳"教师编号""姓名""参加工作时间"和"党员否"字段到窗体的主体节中。

（4）保存窗体并命名为"教师信息"。

实验 9.2 创建选项组控件

实验要求：为实验9.1创建一个选项组控件，用于输入或自动显示"性别"字段。

操作步骤

（1）选项组的值只能为数字，不能是文本。以数据表视图的方式打开"教师2"表，将光标定位到"性别"字段列中的任一单元格内，选择"开始"→"查找"→"替换"菜单命令，打开"查找和替换"对话框，在"替换"选项卡中，"查找内容"文本框中输入"男"，"替换为"文本框中输入"1"，单击"全部替换"按钮，并关闭当前对话框。再次在"查找和替换"对话框中，"查找内容"文本框中输入"女"，"替换为"文本框中输入"0"，单击"全部替换"按钮，关闭当前对话框。替换完成后关闭"教师2"表。

（2）以设计视图的方式打开"教师信息"窗体，添加数据源。选择"窗体布局工具/设计"→"工具"菜单命令，单击"属性表"按钮。在"属性表"窗格中，"所选内容的类型"下拉列表框中选择"窗体"，在"数据"选项卡的"记录源"下拉列表框中选择"教师2"，如图9.3所示。

图 9.3 添加数据源

（3）选择"窗体布局工具/设计"→"工具"→"添加现有字段"菜单命令，打开"字段列表"窗格。在"字段列表"窗格中选择"教师2"表中的"性别"字段，如图9.4所示，选择"窗体布局工具/设计"→"控件"菜单命令，单击"选项组"按钮，在窗体主体节的空白处单击放置"性别"选项组的位置，打开"选项组向导"对话框。

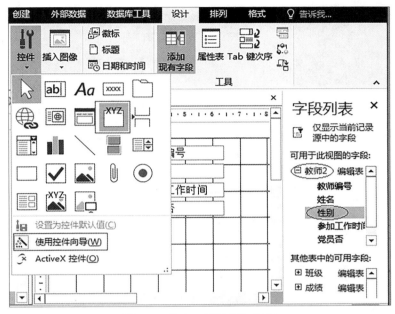

图9.4 单击"选项组"按钮

（4）在显示提示"请为每个选项指定标签"的"选项组向导"对话框中，在列表框的"标签名称"下分别输入"男""女"，如图9.5所示，单击"下一步"按钮。

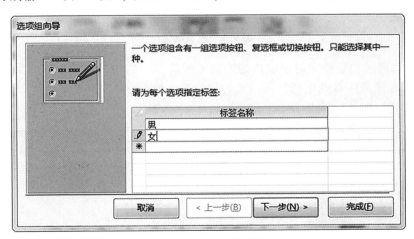

图9.5 标签名称设置

（5）在显示提示"请确定是否使某选项成为默认选项"的"选项组向导"对话框中，选中"否，不需要默认选项"单选按钮，如图9.6所示。单击"下一步"按钮。

（6）在显示提示"请为每个选项赋值"的"选项组向导"对话框中，列表框第一行"标签名称"输入"男"，"值"为"1"；列表框第二行"标签名称"输入"女"，"值"为"0"，如图9.7所示，单击"下一步"按钮。

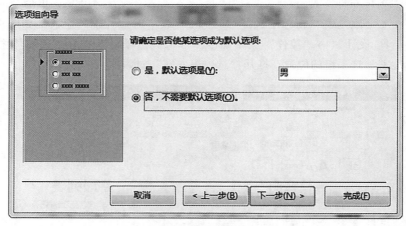

图 9.6　默认选项设置

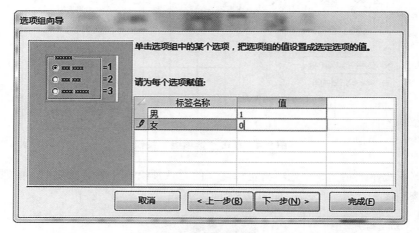

图 9.7　选项赋值

（7）在显示提示"请确定对所选项的值采取的动作"的"选项组向导"对话框中，选中"在此字段中保存该值"单选按钮，并在其右侧的下拉列表框中选择"性别"，如图 9.8 所示，单击"下一步"按钮。

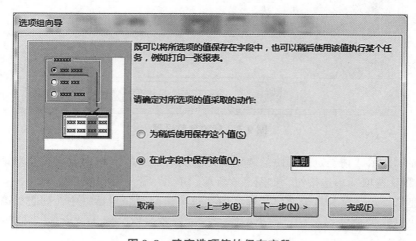

图 9.8　确定选项值的保存字段

（8）在显示提示"请确定在选项组中使用何种类型的控件"的"选项组向导"对话框中，选中"选项按钮"单选按钮，在"请确定所用样式"栏中选中"蚀刻"单选按钮，如图9.9所示，单击"下一步"按钮。

图9.9　确定控件类型和样式

（9）在显示提示"请为选项组指定标题"的"选项组向导"对话框中，输入选项组的标题"性别"，如图9.10所示，单击"完成"按钮。

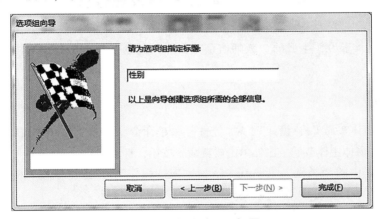

图9.10　指定选项组标题

实验9.3　创建组合框控件

实验要求：为实验9.2创建一个组合框控件，用于输入或自动显示"职称"字段。

🖱️ **操作步骤**

（1）选择"窗体布局工具/设计"→"控件"菜单命令，在"其他"下拉列表框中选择"使用控件向导"，取消控件向导，单击"组合框"按钮，在窗体主体节的空白处合适位置单击放置，更改组合框的标签为"职称"。

（2）选中新添加的组合框控件，选择"窗体布局工具/设计"→"工具"→"属性表"菜单命令，打开"属性表"窗格，在"所选内容的类型"下拉列表框中选择"Combol0"，切换至"数据"选项卡，设置"控件来源"为"职称"，"行来源"为"教师2"，如图 9.11 所示。

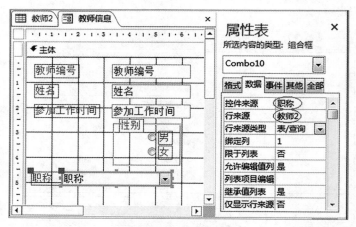

图 9.11　设定字段

实验 9.4　创建命令按钮控件

实验要求：为实验 9.1 生成的"教师信息"窗体，创建一个可以关闭窗体的按钮。

操作步骤

（1）选择"窗体布局工具/设计"→"控件"菜单命令，单击"命令"按钮，使用控件向导创建命令按钮。在窗体主体节的空白处单击放置命令按钮，打开"命令按钮向导"对话框。

（2）在对话框中的"类别"列表框中选择"窗体操作"，"操作"列表框中选择"关闭窗体"，如图 9.12 所示，单击"下一步"按钮。

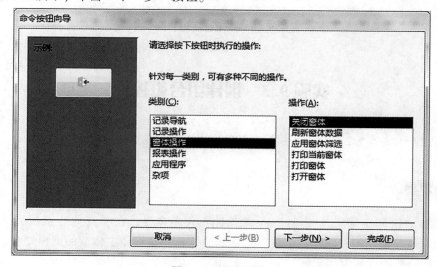

图 9.12　执行操作

（3）在显示提示"请确定在按钮上显示文本还是显示图片"的"命令按钮向导"对话框中，选中"文本"单选按钮，并在右侧的文本框内输入"关闭"，如图9.13所示，单击"完成"按钮。

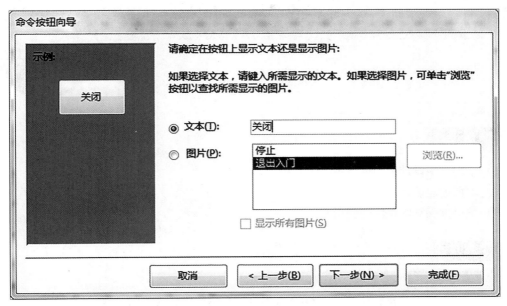

图 9.13　按钮显示

（4）保存窗体，采用记录栏上的按钮浏览教师信息，观察选项组控件及组合框控件，最后单击"关闭"按钮关闭"教师信息"窗体。

实验 10　报表

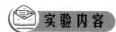 **实验目的**

（1）掌握利用设计视图创建报表的方法。
（2）掌握创建设计报表页眉、页脚的方法。
（3）掌握报表常用控件的使用。

实验内容

实验 10.1　利用设计视图创建成绩报表

实验要求：以"成绩"表为数据源，在报表设计视图中创建如图 10.1 所示的"学生成绩信息"报表。

学生成绩信息		×
学生成绩信息		
学号	课程编号	分数
20220001	J005	92
20220001	Z005	100
20220010	J001	97
20220010	Z002	85
20220111	J004	98
20220111	Z004	88
20220135	J003	88
20220135	Z003	89
20221445	J005	87
20221445	Z005	99
20222278	J001	85
20222278	Z001	98

图 10.1　"学生成绩信息"报表

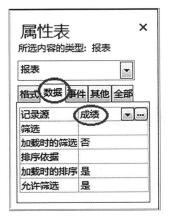
操作步骤

（1）打开"学生管理.accdb"数据库，选择"创建"→"报表"→"报表设计"菜单命令，以设计视图的方式打开"报表1"。

（2）选择"报表布局工具/设计"→"工具"→"属性表"菜单命令，打开"属性表"窗格。在"属性表"窗格的"数据"选项卡的"记录源"下拉列表框中选择"成绩"，如图10.2所示。

（3）选择"报表布局工具/设计"→"工具"→"添加现有字段"菜单命令，打开"字段列表"窗格，显示"成绩"表的相关字段，如图10.3所示。

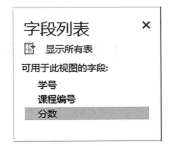

图10.2　选定记录源　　　　　　　　图10.3　选定字段

（4）在"字段列表"窗格中，分别双击"学号""课程编号"和"分数"字段，将3个字段添加到主体节中。按〈Ctrl〉键选中3个字段的附属标签，利用快捷菜单中的"剪切""粘贴"命令，将其移至页面页眉中。

（5）将主体节中3个文本框水平排列，并同时选中，选择"报表布局工具/排列"→"调整大小和排列"菜单命令，在"大小/空格"下拉列表框中选择"间距"→"水平相等"。选择"报表布局工具/设计"→"工具"→"属性表"菜单命令，打开"属性表"窗格。在"格式"选项卡中，设置"宽度"为"3 cm"，"高度"为"0.2 cm"。

（6）将页面页眉中3个附属标签水平排列，并同时选中，选择"报表布局工具/设计"→"工具"→"属性表"菜单命令，打开"属性表"窗格。设置"格式"选项卡中的"上边距"为"1.2 cm"。

（7）同时选中页面页眉中的"学号"标签与主体节中的"学号"文本框，选择"报表布局工具/排列"→"调整大小和排列"菜单命令，在"对齐"下拉列表框中选择"靠左"。依次调整"课程编号"标签与文本框、"分数"标签与文本框靠左对齐。

（8）选择"报表布局工具/设计"→"工具"→"属性表"菜单命令，打开"属性表"窗格。在"所选内容的类型"下拉列表框中选择"页面页眉"，将"格式"选项卡中的"高度"设为"1.8 cm"；在"所选内容的类型"下拉列表框中选择"主体"，将"格式"选项卡中的"高度"设为"1 cm"。

（9）在页面页眉中添加一个标签控件，输入标题"学生成绩信息"，设置标题格式为：宋体、字号 20、居中，并设置标签控件"上边距"为"0.1 cm"，"左边距"为"2.5 cm"。

（10）调整各个控件的布局、大小、位置和对齐方式，如图 10.4 所示，在快速工具栏中单击"保存"按钮，保存报表名称为"学生成绩信息"。

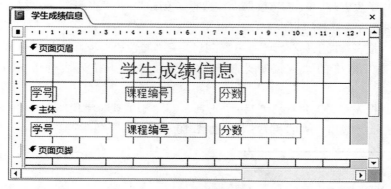

图 10.4 报表设计结果

实验 10.2 修改"学生成绩信息"报表

实验要求：修改实验 10.1 中创建的"学生成绩信息"报表，结果如图 10.5 所示。

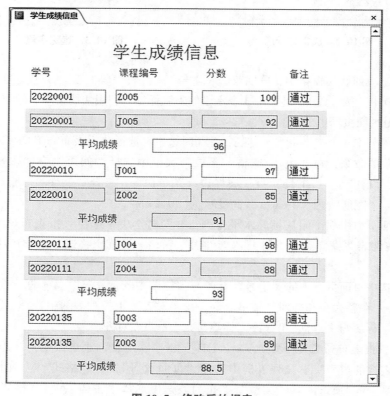

图 10.5 修改后的报表

操作步骤

（1）以设计视图的方式打开"学生成绩信息"报表，在页面页眉的"分数"标签旁添加一个标签控件，并修改标题为"备注"。在主体节的"分数"字段旁添加一个未绑定的文本框控件，删除该文本框的标题。

（2）打开未绑定文本框控件的"属性表"窗格，切换到"全部"选项卡，设置"控件来源"属性为"＝IIF（［分数］＞＝60，"通过"，"不及格"）"。

（3）在页面页脚中，添加两个文本框控件，用来显示时间和页码，两个文本框控件的"控件来源"分别为"＝Now（）"和"＝［Pages］&"页，第"&［Page］&"页""，在"属性表"窗格中设置"组页脚1"的"高度"为"1 cm"，效果如图10.6所示。

（4）选择"报表布局工具/设计"→"分组和汇总"→"分组和排序"菜单命令，弹出"分组、排序和汇总"窗格。在窗格中单击"添加组"按钮，在"分组形式"的"选择字段"下拉列表中选择"学号"，单击"更多"按钮进行展开，并从中选择"无页眉节""有页脚节"，如图10.6所示。

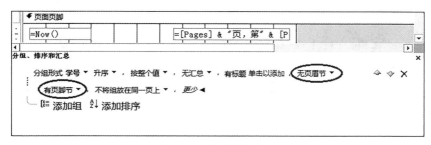

图10.6　设定分组排序

（5）在学号页脚中添加一个文本框控件，设置"标题"为"平均成绩"，"控件来源"为"＝Avg（［分数］）"，设置结果如图10.7所示。

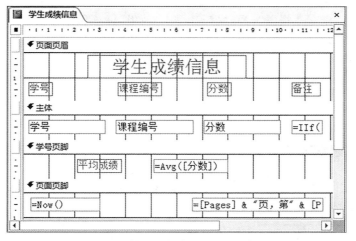

图10.7　修改后报表的设计视图布局

（6）在快速工具栏中单击"保存"按钮，查看报表视图。

实验 11　宏

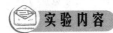

实验目的

（1）掌握使用宏设计器窗口创建基本宏的方法。

（2）掌握保存和运行宏的方法。

实验内容

实验 11.1　创建并运行只有一个操作的宏

实验要求：在"学生管理.accdb"数据库中创建宏，功能是打印预览"学生成绩信息"报表。

操作步骤

（1）打开"学生管理.accdb"数据库，选择"创建"→"宏与代码"→"宏"菜单命令，进入宏设计器窗口。

（2）在"添加新操作"下拉列表框中选择"OpenReport"，如图 11.1 所示。设置"报表名称"为"学生成绩信息"，"视图"为"打印预览"，如图 11.2 所示。

图 11.1　添加新操作

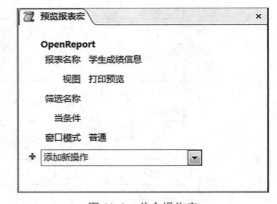

图 11.2　单个操作宏

（3）单击"保存"按钮，在"宏名称"文本框中输入"预览报表宏"。

（4）单击"运行"按钮，运行宏。

实验 11.2　创建并运行多个操作的宏

实验要求：创建宏，功能是打开"学生"表，打开表前要发出"嘟嘟"声；再关闭"学生"表，关闭前要用消息框提示操作。

操作步骤

（1）打开"学生管理.accdb"数据库，选择"创建"→"宏与代码"→"宏"菜单命令，进入宏设计器窗口。

（2）在"添加新操作"列的第一行，选择"Beep"。

（3）在"添加新操作"列的第二行，选择"OpenTable"，设置"表名称"为"学生"。

（4）在"添加新操作"列的第三行，选择"MessageBox"。在"消息"文本框中输入"确定要关闭表吗?"，其他选择操作如图 11.3 所示。

（5）在"添加新操作"列的第四行，选择"RunMenuCommand"，设置"命令"为"Close"，如图 11.3 所示。

图 11.3　多个操作宏

（6）保存宏名称为"打开和关闭表"，然后运行宏。

实验 11.3　创建宏组，并运行其中每个宏

实验要求：在"学生管理.accdb"数据库中创建宏组，宏 1 的功能与"操作序列宏"的功能一样，宏 2 的功能是打开和关闭"查询 5-4"，打开前发出"嘟嘟"声，关闭前要用消息框提示操作。

操作步骤

（1）打开"学生管理.accdb"数据库，选择"创建"→"宏与代码"→"宏"菜单命令，进入宏设计器窗口。

（2）选择"宏工具/设计"→"显示/隐藏"→"操作目录"菜单命令，打开"操作目录"窗格，将程序流程中的"Submacro"拖至"添加新操作"组合框中，子宏名称文本框的默认名称为"Subl"，修改名称为"表操作宏"（也可以双击"Submacro"），如图11.4所示。

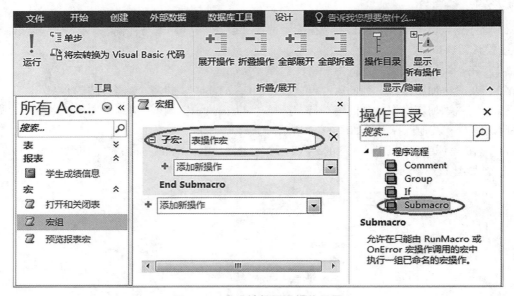

图 11.4 宏设计视图及操作目录

（3）在子宏下的"添加新操作"下拉列表框中，选择"Beep"。

（4）在"添加新操作"下拉列表框中，选择"OpenTable"，设置"表名称"为"学生"，"数据模式"为"只读"。

（5）在"添加新操作"下拉列表框中，选择"MessageBox"，在"消息"文本框中输入"关闭表吗？"，其他选择操作如图11.5（a）所示。

（6）在"添加新操作"下拉列表框中，选择"RunMenuCommand"，设置"命令"为"CloseWindow"，宏1的设置结果如图11.5（a）所示。

（7）单击"保存"按钮，在"宏名称"文本框中输入"宏组"。

（8）重复步骤（2）～（3），宏2的名称设置为"查询宏"，如图11.5（b）所示。

（9）在"添加新操作"下拉列表框中，选择"OpenQuery"，设置"查询名称"为"查询5-4"，"视图"为"打印预览"，"数据模式"为"只读"。

（10）在"添加新操作"下拉列表框中，选择"MessageBox"。在"消息"文本框中输入"确定要关闭查询吗？"，如图11.5（b）所示。

（11）在"添加新操作"下拉列表框中，选择"RunMenuCommand"，设置"命令"为"CloseWindow"，宏2的设置结果如图11.5（b）所示，保存宏。

（12）在子宏下的"添加新操作"下拉列表框中，选择"RunMacro"，设置"宏名称"为"宏组.查询宏"，其他操作参数设置如图11.5（a）所示。

（13）在子宏"表操作宏"的"添加新操作"下拉列表框中，选择"RunMenuCommand"，设置"命令"为"Close"。

（14）运行宏，宏组设计视图如图11.5所示。

图 11.5　宏组设计视图

（a）宏1的设置结果；（b）宏2的设置结果

实验 11.4　创建并运行条件宏

实验要求：在"学生管理.accdb"数据库中，创建一个登录验证宏，使用命令按钮运行该宏时，需要对用户验证密码，密码为"123456"，只有密码输入正确时才能打开"学生信息"窗体，否则弹出消息框，提示用户输入的系统密码错误，需要再次输入密码进行验证或退出结束，结果如图11.6所示。

操作步骤

（1）在窗体中建立一个包含3个控件的"系统登录"窗体。文本框控件的标题为"密码验证"，名称为"Text0"，并在"属性表"窗格中将Text0的"数据"选项卡的"输入掩码"设置为"密码"，如图11.7（a）所示。两个命令按钮的标题分别为"确定"和"退出"，如图11.7（b）所示。

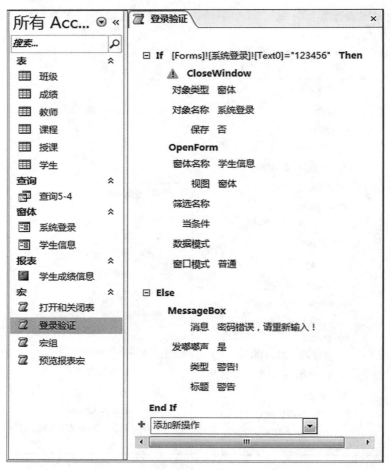

图 11.6　宏设计视图

（a）

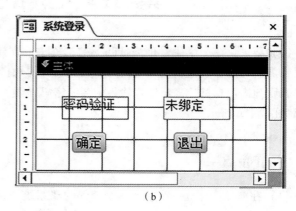

（b）

图 11.7

（a）设置输入掩码；（b）"系统登录"窗体

（2）选择"创建"→"宏与代码"→"宏"菜单命令，进入宏设计器窗口。

（3）在"添加新操作"组合框中输入"IF"，单击"条件表达式"文本框右侧的按钮，弹出"表达式生成器"对话框，在"表达式元素"列表框中，展开"学生管理/Forms/所有窗体"，选择"系统登录"。在"表达式类别"列表框中，双击"Text0"，在表达式中输入" ="123456""，如图 11.8 所示。单击"确定"按钮，返回宏设计器窗口。

图 11.8 "表达式生成器"对话框

（4）添加新操作"CloseWindow"，用于关闭"系统登录"窗体，其他参数设置如图 11.6 所示。

（5）添加新操作"OpenForm"，用于打开"学生信息"窗体，各参数设置如图 11.6 所示。

（6）单击"添加新操作"组合框右侧的"添加 Else"按钮，在打开的列表中选择"MessageBox"，在"消息"文本框中输入"密码错误，请重新输入！"，在"类型"组合框中，选择"警告！"，标题设置为"警告"，其他参数默认。

（7）保存宏名称为"登录验证"。

（8）打开"系统登录"窗体，在设计视图中，选择"退出"按钮并右击，在弹出的快捷菜单中选择"事件生成器"命令。在"选择生成器"对话框中选择"宏生成器"，单击"确定"按钮，进入该按钮的宏设计器窗口。

（9）在"添加新操作"下拉列表框中选择"RunMenuCommand"，设置"命令"为"CloseWindow"，如图 11.9 所示。

图 11.9 宏设计视图

（10）打开"系统登录"窗体，在设计视图中，单击"确定"按钮，切换到"属性表"窗格中的"事件"选项卡，在"单击"下拉列表框中选择"登录验证"，如图 11.10 所示。

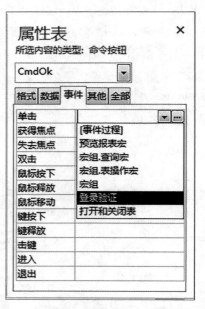

图 11.10　选择"确定"按钮的单击事件

（11）打开"系统登录"窗体，在窗体视图中，分别输入正确的密码、错误的密码，单击"确定"按钮，查看结果，也可以单击"退出"按钮退出。

实验 12　VBA（一）

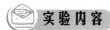 **实验目的**

（1）掌握建立标准模块及窗体模块的方法。

（2）熟悉 VBA 开发环境及数据类型。

（3）掌握常量、变量、函数及表达式的用法。

（4）掌握程序设计的顺序结构、选择结构、循环结构。

实验内容

实验 12.1　创建标准模块和窗体模块

实验要求：在"学生管理.accdb"数据库中创建一个标准模块 M1 并添加过程 P1，为模块 M1 添加一个子过程 P2。P1 和 P2 的代码如下：

P1：

```
Sub P1()
a=13.6
b=17.9
c=3.8
MsgBox (a+b>c*c)
End Sub
```

P2：

```
Sub P2()
Dim name As String
name = InputBox("请输入姓名","输入")
MsgBox "欢迎您" & name & "同学"
End Sub
```

操作步骤

（1）打开"学生管理.accdb"数据库，选择"创建"→"宏与代码"→"模块"菜单命令，打开 VBE 窗口，选择"插入"→"过程"菜单命令，如图 12.1 所示。

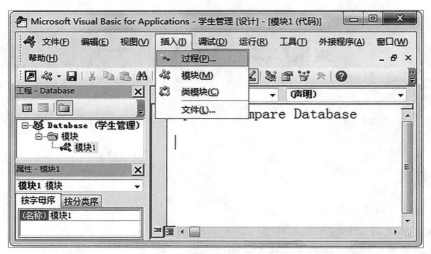

图 12.1　选择"插入"→"过程"菜单命令

（2）弹出"添加过程"对话框，在代码窗口中添加一个名称为 P1 的子过程，如图 12.2 所示。在子过程 P1 中输入代码，选择"视图"→"立即窗口"菜单命令，在打开的"立即窗口"中输入"Call P1( )"（代码不区分大小写），按〈Enter〉键，或者单击工具栏中的"运行子过程/用户窗体"按钮 ▶，查看运行结果，如图 12.3 所示。

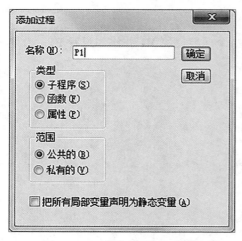

图 12.2　"添加过程"对话框

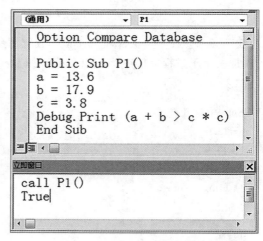

图 12.3　过程 P1 的代码及其运行结果

（3）单击工具栏中的"保存"按钮，输入模块名称为 M1，保存模块。再单击工具栏中的"视图 Microsoft Office Access"按钮 📄，返回 Access。

（4）在数据库窗口中，选择"创建/宏与代码"→"模块"菜单命令，再双击模块"M1"，打开 VBE 窗口。

（5）添加子过程 P2 并输入 P2 的代码（P2 代码内容见"实验要求"）。

（6）选择"运行"→"运行子过程/用户窗体"菜单命令，选择运行 P2，输入自己的姓名，单击"确定"按钮后得到运行结果，如图 12.4 所示。

（7）单击工具栏中的"保存"按钮，保存模块 M1。

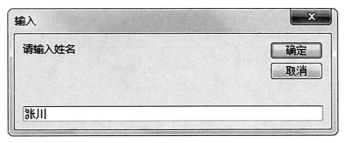

图 12.4　过程 P2 的运行结果

实验 12.2　掌握 VBA 数据类型（常量、变量、函数及表达式）

实验要求：通过 VBA 立即窗口完成以下各个题目。

操作步骤

（1）填写命令的结果。

? 10\3	结果为＿＿＿＿＿＿＿＿
? 10 mod 3	结果为＿＿＿＿＿＿＿＿
? 5*2<=10	结果为＿＿＿＿＿＿＿＿
? #2022-02-14#	结果为＿＿＿＿＿＿＿＿
?"天津" & "商业大学"	结果为＿＿＿＿＿＿＿＿
?"VBA"+"程序"	结果为＿＿＿＿＿＿＿＿
?"x*y=" & 6*7	结果为＿＿＿＿＿＿＿＿
D1=#2022-01-01#	
D2=D1-42	
? D2	结果为＿＿＿＿＿＿＿＿
? D1-4	结果为＿＿＿＿＿＿＿＿

（2）在表 12.1 中填写数学函数的运算结果及其功能。

表 12.1　数学函数

命令	结果	功能
? int(-1.75)		
? sqr(25)		
? sgn(-3)		
? fix(15.535)		
? round(15.3451,2)		
? abs(-3)		

（3）在表 12.2 中填写字符函数的运算结果及其功能。

表 12.2　字符函数

命令	结果	功能
? InStr("ABCD","CD")		
c="Beijing University"		
? Mid(c,4,3)		
? Left(c,7)		
? Right(c,10)		
? Len(c)		
d="BA"		
?"V"+Trim(d)+"程序"		
?"V"+Ltrim(d)+"程序"		
?"V"+Rtrim(d)+"程序"		
?"1"+Space(4)+"2"		

（4）在表 12.3 中填写日期与时间函数的运算结果及其功能。

表 12.3　日期与时间函数

命令	结果	功能
? Date()		
? Time()		
? Year(Date())		

（5）在表 12.4 中填写转换函数的运算结果及其功能。

表 12.4　转换函数

命令	结果	功能
? Asc("BC")		
? Chr(67)		
? Str(100101)		
? Val("2022.6")		

实验 12.3　掌握顺序结构与输入/输出语句的使用

实验要求：工资发放金额由基本工资、岗位津贴、销售金额的提成三项构成，其中销售金额的提成为销售金额的 1/10。请用键盘输入基本工资、岗位津贴和销售金额计算工资发放金额。

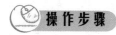 **操作步骤**

（1）在数据库窗口中，选择"创建"→"宏与代码"→"模块"菜单命令，打开 VBE 窗口。

（2）在 VBE 窗口中建立子过程 Cube，代码如下：

```
Sub Cube ()
    Dim jbgz As Single              ' jbgz 是基本工资
    Dim gwjt As Single              ' gwjt 是岗位津贴
    Dim xsje As Single              ' xsje 是销售金额
    Dim gz As Single
    jbgz = InputBox ("请输入基本工资:","输入")
    gwjt = InputBox ("请输入岗位津贴:","输入")
    xsje = InputBox ("请输入销售金额:","输入")
    gz = jbgz+gwjt+xsje * 1/10
    MsgBox " 工资发放金额是:" +Str ( gz )
End Sub
```

（3）运行 Cube，在输入框中分别输入"jbgz3000""gwjt1000""xsje10000"，则输出的结果为_____。

（4）单击工具栏中的"保存"按钮，输入模块名称为 M2，保存模块。

实验 12.4　掌握 If 选择结构

实验要求：编写一个过程，从键盘上输入成绩，利用 If 选择结构判断成绩的等级，如果输入的分数不在 0~100 分之间，则提示不是合法数据。

操作步骤

（1）在数据库窗口中，打开 VBE 窗口，双击模块"M2"。

（2）在代码窗口中添加子过程 Prm1，代码如下：

```
Sub Prm1()
    Dim num    As Integer
    Dim Result    As String
    num = Val ( InputBox ("请输入成绩"))
    If num>=0 And num < 60 Then
        Result = "不及格"
    ElseIf num < 85 Then
        Result = "通过"
    ElseIf num <= 100 Then
        Result = "优秀"
    Else
        Result = "不是合法数据"
    End If
    MsgBox Result
End Sub
```

（3）运行 Prm1，如果在"请输入成绩"文本框中输入"50"并按〈Enter〉键，则运行
结果为_____。

运行 Prm1，如果在"请输入成绩"文本框中输入"70"并按〈Enter〉键，则运行
结果为_____。

运行 Prm1，如果在"请输入成绩"文本框中输入"90"并按〈Enter〉键，则运行
结果为_____。

运行 Prm1，如果在"请输入成绩"文本框中输入"168"并按〈Enter〉键，则运行结
果为_____。

（4）单击工具栏中的"保存"按钮，保存模块 M2。

实验 12.5　掌握 Case 选择结构

实验要求：使用 Case 选择结构程序设计方法，编写一个子过程，从键盘上输入一个字符，
判断输入的是大写字母、小写字母、数字，还是其他特殊字符。

操作步骤

（1）在数据库窗口中，打开 VBE 窗口，双击模块"M2"，添加子过程 Prm2，代码如下：

```
Public Sub Prm2()
    Dim  x  As  String
    Dim  Result  As  String
    x = InputBox("请输入一个字符")
    Select  Case  Asc(x)
      Case  97  To  122
          Result = "小写字母"
      Case  65  To  90
          Result = "大写字母"
      Case  48  To  57
          Result = "数字"
      Case  Else
          Result = "其他特殊字符"
    End  Select
    MsgBox Result
End Sub
```

（2）反复运行 Prm2，分别输入大写字母、小写字母、数字和其他符号，查看运行结果。如
果输入的是"A"，则运行结果为_____。如果输入的是"!"，则运行结果为_____。最后
单击工具栏中的"保存"按钮，保存模块 M2。

实验 12.6　掌握循环结构

实验要求：对输入的 10 个整数，分别统计其中有几个是奇数，有几个是偶数。

操作步骤

在数据库窗口中，打开 VBE 窗口，双击 "M2"，建立子过程 Prm3，输入并补充完整代码，运行该子过程，最后保存模块 M2，运行结果如图 12.5 所示。

图 12.5　程序运行结果

请在描线处输入以下 Prm3 子过程代码：

```
Public Sub Prm3()
    Dim  num  As  Integer
    Dim  a  As  Integer
    Dim  b  As  Integer
    Dim  i  As  Integer
    For  i= 1   To  10
        num = InputBox("请输入数据:","输入",1)
        If _____ Then
            a = a + 1
        Else
            b = b + 1
        End If
    Next i
    MsgBox("运行结果:偶数 =" & Str(a) &",奇数 =" & Str(b))
End Sub
```

实验 13　VBA（二）

实验目的

（1）掌握程序流程的综合应用。
（2）了解 VBA 的过程声明及参数传递。
（3）掌握变量的定义方法和不同的作用域和生存期。
（4）了解数据库的访问技术。

实验内容

实验 13.1　程序流程的综合应用 1

实验要求：某次大奖赛有 9 名评委同时为一位选手打分，去掉一个最高分和一个最低分，其余 7 个分数的平均值为该名参赛者的最后得分。

操作步骤

（1）新建窗体，进入窗体的设计视图。
（2）在窗体的主体节中添加一个命令按钮，在"属性"窗格中将命令按钮的"名称"设置为"DF"，"标题"设置为"最后得分"。单击"代码"按钮，进入 VBE 窗口。
（3）请在横线处输入并补充完整以下事件过程代码：

```
Private Sub DF_Click()
    Dim mark!,aver!,i% ,max1!,min1!
    aver = 0
    For i =1 To 9
        mark = InputBox("请输入第" & i & "名评委的打分")
        If   i = 1 Then
            max1 = mark : min1 = mark
        Else
          If mark < min1 Then
            min1 = mark
```

```
        ElseIf mark > max1 Then

            _____
        End If
    End If

    _____
    Next i
    aver = (aver - max1 - min1)/7
    MsgBox aver
End Sub
```

（4）保存窗体，窗体名称为FormDF，切换至窗体视图，单击"最后得分"按钮，查看程序运行结果。

实验 13.2　创建子过程

实验要求：输出 10~100 之间的所有回文素数。回文素数是指，如果一个数是素数，则该数反序后形成的数也是素数。例如，13 是素数，13 反序得到的数为 31，31 也是素数，则称 13 为回文素数。请在横线处填写适当语句，使程序完成指定的功能。

操作步骤

（1）新建一个标准模块 M3，打开 VBE 窗口，在横线处输入以下子过程代码：

```
Public Function prim(n As Integer) As Boolean
    Dim j As Integer
    For j = 2 To n/2
        If n Mod j=0 Then
            prim =_____
            Exit Funciton
        End If
    Next j
    prim=True
    Exit Function
End Function

Private Sub Mysum1()
    Dim k As Integer,m As Long,n As Long
    For k= 10 To 100
        If prim(k) Then
            m = _____
            n = 0
```

```
        Do while m > 0
            n = n * 10 + m Mod 10
            m = m\10
        Loop
        If prim(n) Then
            MsgBox k & "," & n
        End If
      End If
    Next k
End Sub
```

（2）运行过程 Mysum1，保存模块 M3。

实验 13.3　程序流程的综合应用 2

实验要求：阅读下面的程序代码，理解参数传递、变量的作用域与生存期。

操作步骤

（1）新建窗体，进入窗体的设计视图，在窗体的主体节中添加一个命令按钮，设置命令按钮的"名称"为"CMD1"，单击"查看代码"按钮，进入 VBE 窗口，输入以下代码：

```
Option compare database
Private Sub Command CMD1_Click()
    Dim y As Integer
    Static x As Integer
    x = 10
    y = 5
    y = f(x)
    MsgBox x & " " & y
End Sub

Public Function f(x As Integer) As Integer
    Dim y As Integer
    x = 20
    y = 2
    f = x * y
End Function
```

（2）切换至窗体视图，单击命令按钮，观察程序的运行结果_____。最后保存窗体，窗体名称为 FormCS。

实验 13.4　VBA 数据库访问技术 1

实验要求：依次显示"教师"表中每条记录的"教师编号"字段值和"姓名"字段值。

操作步骤

（1）引用数据访问对象（Data Access Object，DAO）。

（2）在"学生管理.accdb"数据库中，新建一个标准模块，打开 VBE 窗口。选择"工具"→"引用"菜单命令，在弹出的"引用-Database"对话框的列表框中，找到并勾选"Microsoft ActiveX Data Objects 2.1 Library"复选框，如图 13.1 所示，单击"确定"按钮，返回 Access。

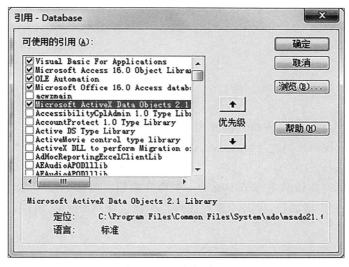

图 13.1　选中引用

（3）输入以下代码：

```
Public Sub Demo()
    Dim cnn As new ADODB. Connection
    Dim rs As new ADODB. Recordset
    Set cnn = CurrentProject. Connection
    Cnn. cursorlocation= aduseclient
    rs. Open "Select * From 教师",cnn
    MsgBox "教师共" & rs. Recordcount & "人"
    rs. Filter ="性别 ="男"
    Do Until   rs. EOF
        MsgBox rs("教师编号") & rs("姓名")
        Rs. Movenext
    Loop
    rs. Close
```

```
            cnn. Close
            Set rs = Nothing
            Set cnn = Nothing
      End Sub
```

（4）保存模块，模块名为 M4，运行过程 Demo，打开立即窗口，观察运行结果。

实验 13.5　VBA 数据库访问技术 2

实验要求："教师"表中，包括"教师编号""姓名""性别"和"职称"4 个字段。通过窗体向"教师"表中添加教师记录。对应"教师编号""姓名""性别"和"职称"的 4 个文本框的名称分别为 tNo、tName、tSex 和 tTitles。当单击窗体上的"增加"命令按钮（名称为 CmdAdd）时，首先判断编号是否重复，如果不重复，则向"教师"表中添加教师记录；如果重复，则给出提示信息。

操作步骤

（1）引用 DAO。

（2）新建模块，打开 VBE 窗口，选择"工具"→"引用"菜单命令，在"引用-Database"对话框的列表框中，找到并勾选"Microsoft ActiveX Data Objects 2.1 Library"复选框，单击"确定"按钮，返回 Access。

（3）新建窗体，在窗体的主体节中添加一个命令按钮，将命令按钮的"名称"设为"CmdAdd"，"标题"设为"增加"，单击"查看代码"按钮，切换至 VBE 窗口，在横线处输入并补充完整以下代码：

```
Private ADOcn As New ADODB. Connection
Private Sub Form_Load()
      '打开窗口时,链接 Access 本地数据库
      Set ADOcn=CurrentProject. Connection
End Sub
Private Sub CmdAdd_Click()
      '追加教师记录
      Dim strSQL As String
      Dim ADOcmd As New ADODB. Command
      Dim ADOrs As New ADODB. Recordset
      Set ADOrs. ActiveConnection = ADOcn
      ADOrs. Open "Select 教师编号 From 教师 Where 教师编号 =''' +tNo+''''"
      If Not ADOrs. EOF Then
            MsgBox "你输入的编号已存在,不能新增加!"
      Else
            ADOcmd. ActiveConnection = ADOcn
            strSQL="Insert Into teather(教师编号,姓名,性别,职称)"
```

```
        ADOcmd. _____
        strSQL = strSQL + "Values(' ' ' +tNo+' ' ',' ' ' +tName+' ' ',' ' ' +tSex+' ' ',' ' ' +tTitles+' ' ' )"
        ADOcmd. CommandText = strSQL
        MsgBox "添加成功,请继续!"
    End If
    ADOrs. Close
    Set ADOrs＝Nothing
End Sub
```

实验 14　订单管理

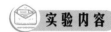

实验目的

（1）订单管理数据库的需求分析。
（2）订单管理数据库的功能模块分析。
（3）创建订单管理数据库的各个对象。
（4）订单管理数据库的使用。

实验内容

14.1　数据库需求分析

实验要求：学院有教师 60 人，需要在开学前下订单把教学用品补备充足，需要制作各种信息的详细数据表，进行库存查询及订单查询，浏览窗体信息并查看、添加与导出，查看与打印报表等。

传统的管理方式一般采用手工记录、人工计算，但这种方式面临工作量大、数据量多、管理易出混乱、计算易出错等问题，耗时费力效率低，不利于现代管理工作。

针对以上问题，建立一个订单管理数据库，避免过多人工操作，提高管理工作的效率，加大数据管理与处理能力。

14.2　数据库功能模块分析

实验要求：订单管理数据库包含"查询""库存""订单""供应商信息"4 个功能模块，各功能模块完成各自具体功能。

1）查询

在"查询"模块，待补库存查询结果以报表形式输出；待补用品 ID 查询的订单结果以报表形式输出。

2）库存

在"库存"模块，可以查看"库存"表，进一步核实库存量，辅助完善订单；并可以查看"库存"报表。

3）订单

在"订单"模块，用户可以根据待补用品的查询结果，为"订单"添加新记录；查看"订单"报表；导出"订单"为 Excel 文件。

4）供应商信息

在"供应商信息"模块，用户可以浏览不同供应商提供的订单用品，添加新的供应商信息，打印"供应商"报表。

14.3 创建表和关系

实验要求：为订单管理数据库创建"订单""供应商""库存"3 个数据表。

操作步骤

1）表的字段属性设置

"订单""供应商""库存"表的字段属性设置分别如表 14.1～表 14.3 所示。

表 14.1　"订单"表结构

字段名	类型	宽度	说明
订单号	短文本	字段大小：5	主键
品牌 ID	短文本	字段大小：3	
用品 ID	短文本	字段大小：5	
订购数量	数字	字段大小：整型	
订购日期	日期/时间	字段大小：短日期	

表 14.2　"供应商"表结构

字段名	类型	宽度	说明
品牌 ID	短文本	字段大小：3	主键
品牌名称	短文本	字段大小：8	

表 14.3　"库存"表结构

字段名	类型	宽度	说明
储物柜	短文本	字段大小：2	
用品 ID	短文本	字段大小：5	主键
用品名称	短文本	字段大小：5	
数量	数字	字段大小：整型	

2）创建表

创建"订单管理 . accdb"数据库，选择"创建"→"表格"→"表设计"菜单命令，在设计视图的方式下参照表 14.1～表 14.3 输入 3 个数据表的表结构，3 个数据表分别保存命名为"订单""供应商""库存"。

将建立好的表以数据表视图的方式打开，如图 14.1～图 14.3 所示。

图 14.1　"订单"表

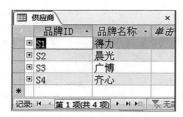

图 14.2　"供应商"表

图 14.3　"库存"表

3）建立表间关系

（1）选择"数据库工具"→"关系"→"关系"菜单命令，打开"关系"窗格。选择"关系工具/设计"→"关系"→"显示表"菜单命令，弹出"显示表"对话框，在"表"选项卡的列表框中按〈Ctrl〉键或〈Shift〉键选择"订单""供应商""库存"表，单击"添加"按钮，将 3 个表添加到"关系"窗格，然后关闭该对话框。

（2）选择"关系工具/设计"→"工具"→"编辑关系"菜单命令，弹出"编辑关系"对话框，如图 14.4 所示。

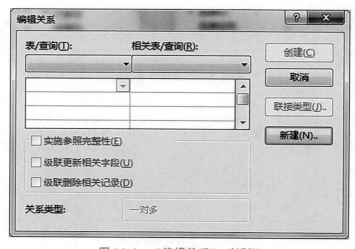

图 14.4　"编辑关系"对话框

（3）单击"新建"按钮，弹出"新建"对话框，在"左表名称"下拉列表框中选择"库存"，"左列名称"下拉列表框中选择"用品 ID"，"右表名称"下拉列表框中选择"订单"，"右列名称"下拉列表框中选择"用品 ID"，如图 14.5 所示，单击"确定"按钮。

图 14.5　建立关系

（4）再次弹出"编辑关系"对话框，勾选"实施参照完整性""级联更新相关字段""级联删除相关记录"复选框，如图 14.6 所示，单击"创建"按钮。

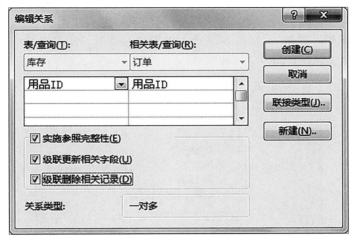

图 14.6　实施参照完整性

（5）依照以上步骤，为"订单"表和"供应商"表建立与"品牌 ID"字段相关的表间关系。表间关系如图 14.7 所示。

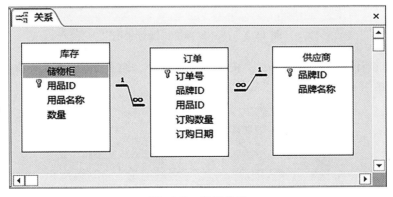

图 14.7　表间关系

14.4 创建查询

实验要求：学院有教师 60 人，各种物品库存必须大于 60，创建待补库存的查询，提示数量不够分配的物品信息；记录待补物品的用品 ID，在订单中进行查询，核实订单，为订单调整做准备。

操作步骤

1) 待补库存

(1) 选择"创建"→"查询"→"查询设计"菜单命令，打开"查询"窗口，并弹出"显示表"对话框。

(2) 在"显示表"对话框中，双击"库存"表，将其添加到"查询"窗口上端。

(3) 在"查询"窗口下端第一列"字段"下拉列表框中选择"库存.*"，在第二列"字段"下拉列表框中选择"数量"，如图 14.8 所示。取消勾选第二列的"显示"复选框，在"条件"行中输入"<60"，保存查询为"待补库存"。

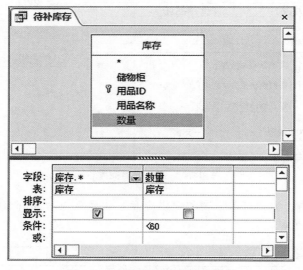

图 14.8 待补库存查询设计视图

(4) 选择"设计"→"结果"→"按钮"菜单命令，结果如图 14.9 所示，记录待补库存的用品 ID "C1001" 和 "P1001"，以待核实。

储物柜	用品ID	用品名称	数量
3	C1001	回形针	30
1	P1001	复印纸	50
*			

记录: ◄ 第 1 项(共 2 项) ► ►► 无筛选器 搜索

图 14.9 待补库存的查询结果

2) 待补用品 ID 查询

创建参数查询，可以根据用品 ID 查询订单情况。根据待补库存的查询结果，在订单中根据待补物品的用品 ID 进行查询，查看待补物品是否已经加入订单，如果订单中已包含待补物品，则不进行任何操作；如果没有查询到待补物品，则在"订单"模块进行订单的添加。

（1）打开"订单管理.accdb"数据库，选择"创建"→"查询"→"查询设计"菜单命令，打开"查询"窗口，并弹出"显示表"对话框，添加"订单"表到"查询"窗口上端。

（2）选择"查询工具"→"设计"→"显示/隐藏"→"参数"菜单命令，弹出"查询参数"对话框，按照图 14.10 所示输入"参数"及"数据类型"。

图 14.10　设置查询参数

（3）"查询"窗口下端字段的设置参照图 14.11，保存为"待补用品 ID 查询"。

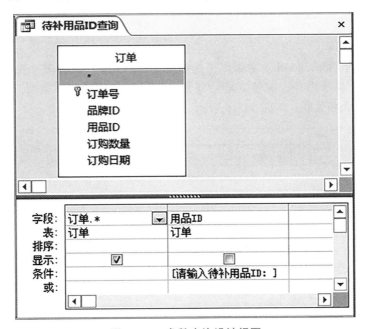

图 14.11　参数查询设计视图

（4）运行查询。待补用品 ID 分别为"P1001""C1001"的查询结果如图 14.12～图 14.15 所示。查询结果表明，待补物品"P1001"已在订单中，而订单中并没有待补物品"C1001"，需在"订单"模块添加新订单记录。

图 14.12　输入参数"P1001"

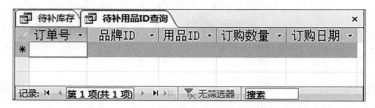

图 14.13　参数"P1001"的查询结果

图 14.14　输入参数"C1001"

图 14.15　参数"C1001"的查询结果

14.5　创建窗体

实验要求：创建"供应商"窗体，并为该窗体添加翻页功能、关闭窗体功能的按钮控件，进行供应商信息的浏览与查看；以"库存"表为数据源创建名称为"库存"的数据表窗体。

操作步骤

1）"供应商"窗体

（1）打开"订单管理.accdb"数据库，在导航窗格中选择"供应商"表，选择"创建"→"窗体"→"窗体"菜单命令，窗体立即创建完成，保存名称为"供应商"，此窗体将"供应商"表和"订单"表相关联，如图14.16所示。

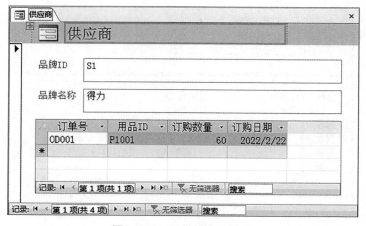

图 14.16　"供应商"窗体

（2）选择"窗体布局工具/设计"→"视图"→"设计视图"菜单命令，调整窗体布局。主体节中选中"订单"子表，选择"窗体布局工具/设计"→"工具"→"属性表"菜单命令，在"属性表"窗格中,设置子表"宽度"为"9.5 cm","高度"为"3 cm";设置窗体的"宽度"为"11 cm"。

(3) 选择"窗体布局工具/设计"→"控件"→"按钮"菜单命令,在主体节的子表下方空白处,添加两个按钮,取消命令按钮向导,分别修改按钮标题为"下一页""关闭"。

(4) 选择"下一页"按钮并右击,在弹出的快捷菜单中选择"事件生成器"命令,弹出"选择生成器"对话框,选择"宏生成器",单击"确定"按钮,进入该按钮的宏设计器窗口。

(5) 在"添加新操作"下拉列表框中选择"GoToRecord"。设置"对象类型"为"窗体","对象名称"为"供应商","记录"为"向后移动",如图14.17所示。

(6) 在"添加新操作"组合框中输入"If",单击"条件表达式"文本框右侧的按钮。在If的条件表达式中输入"IsNull([品牌ID])"。在If块中添加GoToRecord宏操作,设置"对象类型"为"窗体","对象名称"为"供应商","记录"为"首记录",如图14.17所示。

图14.17　"下一页"宏

(7) 单击"保存"按钮,并关闭宏。

(8) 选择"关闭"按钮并右击,在弹出的快捷菜单中选择"事件生成器"命令,弹出"选择生成器"对话框,选择"宏生成器",单击"确定"按钮,进入该按钮的宏设计器窗口。

(9) 在"添加新操作"下拉列表框中选择"CloseWindow",设置"对象类型"为"窗体","对象名称"为"供应商","保存"为"提示",如图14.18所示。

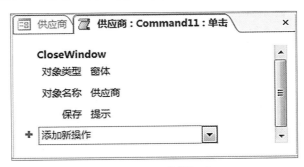

图14.18　"关闭"宏

2)"库存"窗体

(1)在导航窗格中选择"库存"表,选择"创建"→"窗体"菜单命令,在"其他窗体"下拉列表框中选择"数据表",保存"库存"窗体。

(2)以设计视图的方式打开"库存"窗体,选中主体节左上角的"全选"按钮,选择"窗体布局工具/排列"→"表"→"删除布局"菜单命令,删除布局。再选择"窗体布局工具/排列"→"调整大小和排序"→"大小/空格"→"正好容纳"菜单命令。

(3)选中所有控件的右侧文本框,选择"窗体布局工具/设计"→"工具"→"属性表"菜单命令,在"属性表"窗格的"格式"选项卡中设置文本框宽度为 4 cm。

(4)在"属性表"窗格的下拉列表框中选择"窗体",在"格式"选项卡中设置窗体宽度为 9 cm。修改后的效果如图 14.19 所示,保存窗体并关闭。

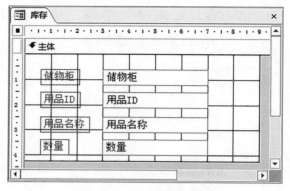

图 14.19 "库存"窗体

14.6 创建报表

实验要求:创建"待补库存""待补用品 ID 查询""订单信息""供应商""库存"报表。

操作步骤

1)"待补库存"报表

(1)在导航窗格中,选择"待补库存"表,选择"创建"→"报表"→"报表设计"菜单命令,以布局视图的方式打开"待补库存"报表,并保存。

(2)调整各控件布局、大小,如图 14.20 所示,保存并关闭报表。

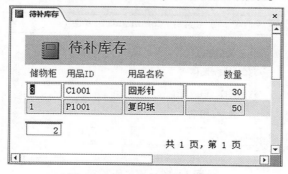

图 14.20 "待补库存"报表

2）"待补用品 ID 查询"报表

（1）在导航窗格中，选择"待补用品 ID 查询"表，选择"创建"→"报表设计"→"报表"菜单命令，以布局视图的方式打开"待补用品 ID 查询"报表，并保存。

（2）调整各控件布局、大小，未输入任何参数的报表如图 14.21 所示，保存并关闭报表。

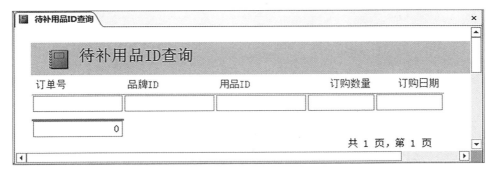

图 14.21　"待补用品 ID 查询"报表（未输入任何参数）

3）"订单信息"报表

（1）选择"创建"→"报表"→"报表设计"菜单命令，以设计视图的方式打开新的报表"报表1"。

（2）选择"报表布局工具/设计"→"工具"→"属性表"菜单命令，在"属性表"窗格中选择"数据"选项卡，在"记录源"右侧的下拉列表框中选择"订单"，如图 14.22 所示。

（3）选择"报表布局工具/设计"→"工具"→"添加现有字段"菜单命令，打开"字段列表"窗格。将"字段列表"窗格中的"订单号""品牌 ID""用品 ID""订购数量"和"订购日期"字段添加到主体节中。调整各控件的布局、大小、位置和对齐方式等，如图 14.23 所示。

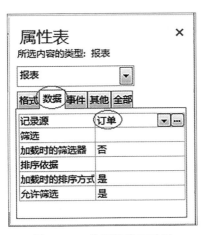

图 14.22　选择报表记录源

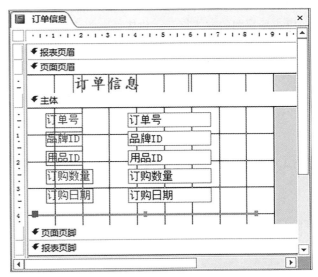

图 14.23　"订单信息"报表设计视图

（4）在页面页眉中添加一个标签控件，输入标题"订单信息"，设置标题格式为楷体、字号16、居中、加粗。

（5）在所有字段文本框之后添加宽度为 9 cm 的横向直线，如图 14.23 所示。

（6）保存"订单信息"报表，以报表视图的方式打开，如图 14.24 所示，关闭报表。

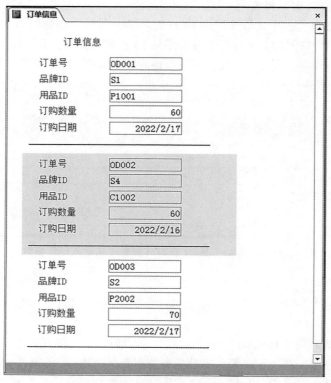

图 14.24 "订单信息"报表

4)"供应商"报表

(1)在导航窗格中选择"供应商"表,选择"创建"→"报表"→"报表设计"菜单命令,以布局视图的方式打开"供应商"报表。

(2)调整各控件布局、大小,以报表视图的方式打开,如图 14.25 所示。保存并关闭"供应商"报表。

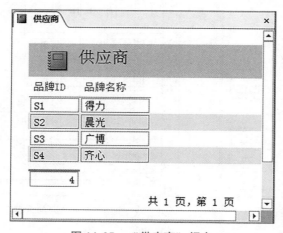

图 14.25 "供应商"报表

5)"库存"报表

(1)选择"创建"→"报表"→"报表向导"菜单命令,弹出"报表向导"对话框。在"表/查询"下拉列表框中选择"表:库存",将"可用字段"列表框中的全部字段移至"选定字段"列表框中，如图 14. 26 所示，单击"下一步"按钮。

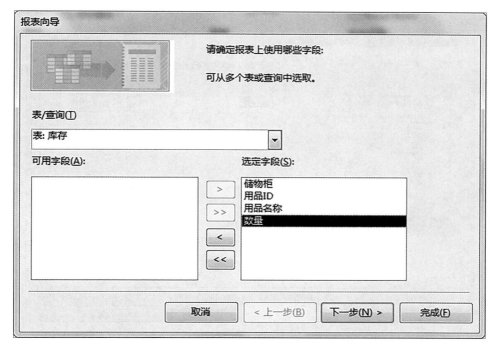

图 14. 26　确定字段

（2）在显示提示"是否添加分组级别?"的"报表向导"对话框中，将"储物柜"作为分组字段，如图 14. 27 所示，单击"下一步"按钮。

图 14. 27　添加分组

（3）在显示提示"请确定明细信息使用的排序次序和汇总信息"的"报表向导"对话框

中，将"用品 ID"设置为"升序"，如图 14.28 所示，单击"下一步"按钮。

图 14.28　添加排序

（4）在显示提示"请确定报表的布局方式"的"报表向导"对话框中，在"布局"栏中选中"递阶"单选按钮，"方向"栏中选中"纵向"单选按钮，如图 14.29 所示，单击"下一步"按钮。

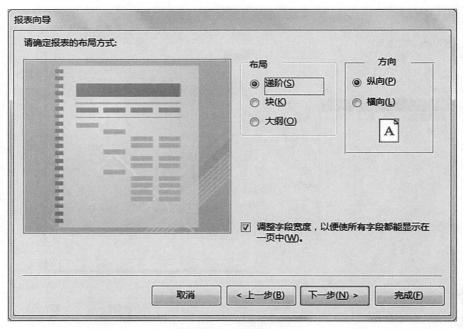

图 14.29　确定布局方式

（5）在显示提示"请为报表指定标题"的"报表向导"对话框中，在文本框中输入"库存"，单击"修改报表设计"按钮，单击"完成"按钮。

（6）以设计视图的方式打开"库存"报表，调整各控件布局、大小，如图 14.30 所示。

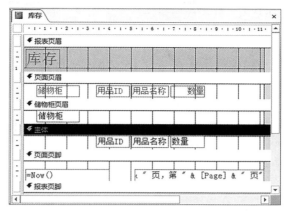

图 14.30　"库存"报表设计视图

（7）"库存"报表效果如图 14.31 所示。

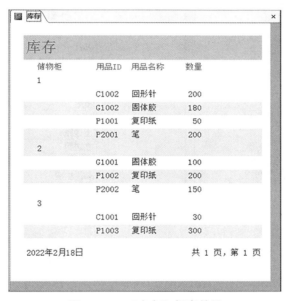

图 14.31　"库存"报表效果

14.7　主窗体

实验要求：利用选项卡控件为"订单管理"主窗体创建"查询""库存""订单""供应商信息"4 个功能模块。

操作步骤

1）主窗体

（1）选择"创建"→"窗体"→"窗体设计"菜单命令，新建"窗体 1"。

（2）选择"窗体布局工具/设计"→"选项卡控件"菜单命令，在窗体主体节中添加选项卡控件。选择选项卡控件并右击，在弹出的快捷菜单中选择"插入页"命令，为选项卡控件插入两张页。

（3）选择"报表布局工具/设计"→"工具"→"属性表"菜单命令，在"属性表"窗格的"所选内容的类型"下拉列表框中选择"页1"，设置"格式"选项卡的"标题"为"查询"，如图14.32所示。

（4）将其他3页标题依次设置为"库存""订单"和"供应商信息"。

（5）在"属性表"窗格的"所选内容的类型"下拉列表框中选择"选项卡控件0"，设置"格式"选项卡的"宽度"为"10 cm"，"高度"为"7 cm"，"上边距"为"0 cm"，"左边距"为"0 cm"，如图14.33所示。

图14.32　设置页标题

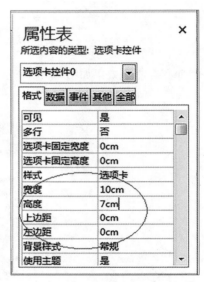

图14.33　设置控件属性

（6）选择"设计"→"控件"→"标签"菜单命令，为窗体页眉添加标签控件。设置"标签"标题为"订单"。选中该标签，在"属性表"窗格中，设置"格式"选项卡的"宽度"为"4 cm"，"高度"为"1 cm"，"上边距"为"0 cm"，"左边距"为"3 cm"，"字体名称"为"楷体"，"字号"为"22"，"文本对齐"为"居中"，"字体粗细"为"加粗"，"前景色"为"Access 主体10"。

（7）在"属性表"窗格中，在"所选内容的类型"下拉列表框中选择"窗体页眉"，设置"格式"选项卡的"高度"为"1 cm"；在"所选内容的类型"下拉列表框中选择"主体"，设置"格式"选项卡的"高度"为"8.5 cm"；在"所选内容的类型"下拉列表框中选择"窗体页脚"，设置"格式"选项卡的"高度"为"0 cm"；在"所选内容的类型"下拉列表框中选择"窗体"，设置"格式"选项卡的"宽度"为"11.5 cm"。

（8）保存窗体名称为"主窗体"，设置效果如图14.34所示。

2）"查询"功能模块

（1）以设计视图的方式打开"查询"页，选择"窗体工具/设计"→"控件"→"按钮"菜单命令，添加两个按钮控件，分别设置标题为"待补库存""待补用品 ID 查询"。

（2）选择"待补库存"按钮并右击，在弹出的快捷菜单中选择"事件生成器"命令，弹出"选择生成器"对话框，选择"宏生成器"并单击"确定"按钮。添加 OpenReport 宏操作，设

图 14.34　"主窗体"设计视图

置"报表名称"为"待补库存"，"视图"为"报表"，"窗口模式"为"对话框"，如图 14.35 所示，保存并关闭宏。

图 14.35　"待补库存"按钮宏

（3）为"待补用品 ID 查询"按钮添加宏操作，如图 14.36 所示。

图 14.36　"待补用品 ID 查询"按钮宏

3）"库存"功能模块

（1）选中"库存"页，选择"窗体工具/设计"→"控件"→"子窗体/子报表"菜单命令，添加子窗体/子报表控件。在"子窗体向导"对话框中选中"使用现有的窗体"单选按钮，在列表框中选择"库存"，如图 14.37 所示，单击"下一步"按钮。

图 14.37　选择窗体

（2）保存子窗体名称为"库存"并单击"完成"按钮。

（3）选中"库存"子窗体，在"属性表"窗格中，设置"格式"选项卡的"宽度"为"10 cm"，"高度"为"6 cm"，"上边距"为"1 cm"，"左边距"为"0 cm"。

（4）在主体节中的子窗体下方空白处，添加按钮控件，取消"命令按钮向导"，设置按钮标题为"查看库存报表"，如图 14.38 所示。

图 14.38　"库存"页设计视图

（5）为"查看库存报表"按钮添加宏操作，如图 14.39 所示，保存并关闭宏。

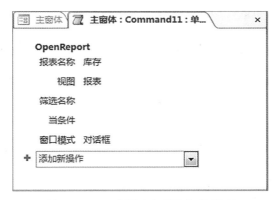

图 14.39　"查看库存报表"按钮宏

4）"订单"功能模块

（1）选中"订单"页，选择"窗体工具/设计"→"控件"→"文本框"菜单命令，添加 5 个文本框控件，设置左侧附加属性标签的标题，调整右侧文本框的宽度，并调整文本框布局；选择"窗体工具/设计"→"控件"→"按钮"菜单命令，添加 3 个按钮控件，分别设置标题为 "核实""添加""导出"。调整按钮布局，效果如图 14.40 所示。

图 14.40　"订单"页设计视图

（2）为"核实"按钮添加宏操作，如图 14.41 所示，保存并关闭宏。

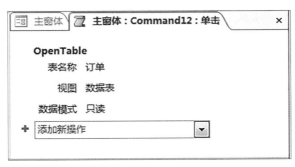

图 14.41　"核实"按钮宏

（3）选择"添加"按钮并右击，在弹出的快捷菜单中选择"事件生成器"命令，弹出"选择生成器"对话框，选择"代码生成器"。打开 VBE 窗口，选择"工具"→"引用"菜单命令，弹出"引用-Database"对话框，在列表框中上下拖动垂直滚动条，勾选"Microsoft ActiveX Data Objects 2.1 Library"复选框，如图 14.42 所示，单击"确定"按钮，返回 Access。

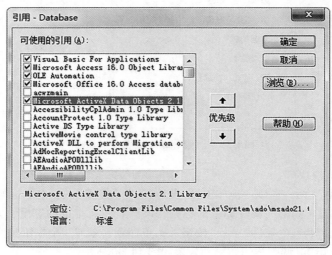

图 14.42 选中引用

（4）为"添加"按钮的"Command13_Click( )"事件添加如图 14.43 所示的代码，保存并关闭代码窗口。

图 14.43 "添加"按钮事件过程

（5）在窗体视图下，单击"订单"页的"核实"按钮，查看并核实订单，如图 14.44 所示。

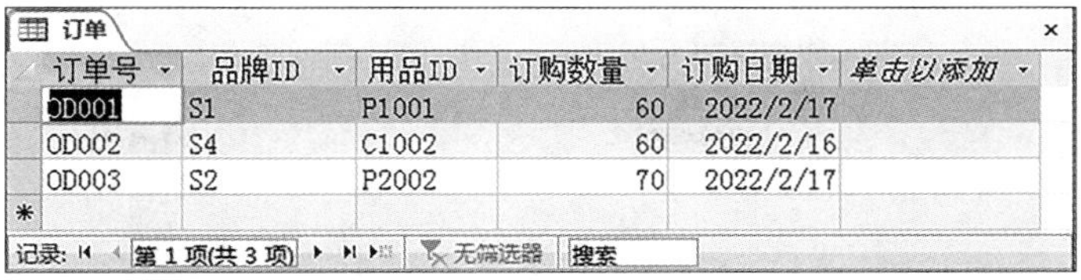

图 14.44　核实"订单"表

（6）关闭"订单"表，在"订单"页按如图 14.45 所示输入信息，单击"添加"按钮，添加新订单。

（7）添加新订单成功，会弹出如图 14.46 所示的对话框。

图 14.45　添加订单信息 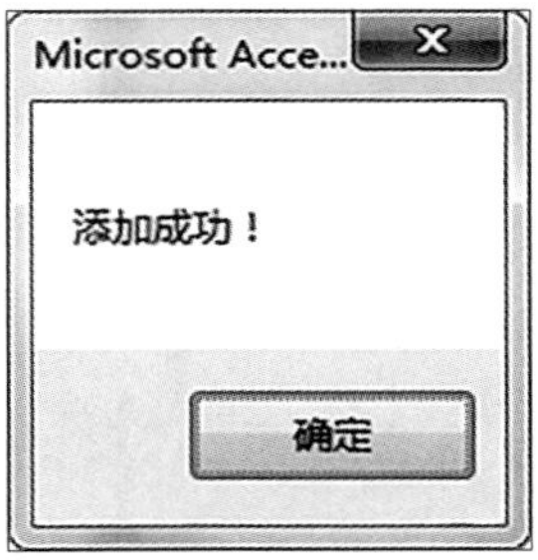　　　　图 14.46　添加成功提示

（8）再次单击"订单"页的"核实"按钮，核实新订单，如图 14.47 所示。

图 14.47　再次核实"订单"表

（9）为"导出"按钮添加宏操作，将"订单信息"报表以"＊.xls"的形式打印输出，如图 14.48 所示，保存并关闭宏。

5）"供应商信息"功能模块

（1）选中"供应商信息"页，选择"窗体工具/设计"→"控件"→"文本框"菜单命令，添加 2 个文本框控件，设置左侧附加属性标签的标题，调整右侧文本框的宽度，并调整文本框布局；选择"窗体工具/设计"→"控件"→"按钮"菜单命令，添加 3 个按钮控件，分别设置标题为"查看""添加""打印"。调整按钮布局，效果如图 14.49 所示。

（2）为"查看"按钮添加宏操作，如图 14.50 所示。

图 14.48 "导出"按钮宏

图 14.49 "供应商信息"页设计视图

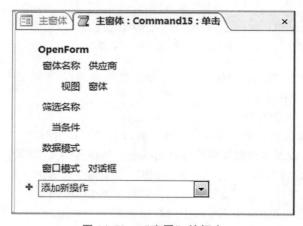

图 14.50 "查看"按钮宏

（3）为"添加"按钮的"Command16_Click（ ）"事件添加如图 14.51 所示的代码，保存并关闭代码窗口。

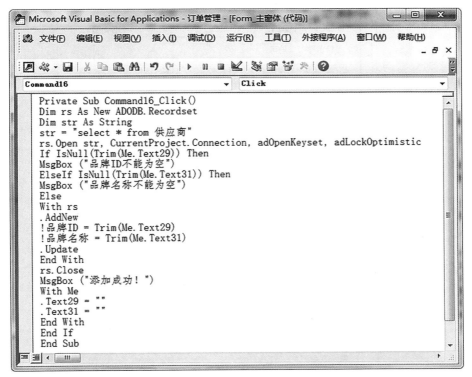

```
Private Sub Command16_Click()
Dim rs As New ADODB.Recordset
Dim str As String
str = "select * from 供应商"
rs.Open str, CurrentProject.Connection, adOpenKeyset, adLockOptimistic
If IsNull(Trim(Me.Text29)) Then
MsgBox ("品牌ID不能为空")
ElseIf IsNull(Trim(Me.Text31)) Then
MsgBox ("品牌名称不能为空")
Else
With rs
.AddNew
!品牌ID = Trim(Me.Text29)
!品牌名称 = Trim(Me.Text31)
.Update
End With
rs.Close
MsgBox ("添加成功！")
With Me
.Text29 = ""
.Text31 = ""
End With
End If
End Sub
```

图 14.51　"添加"按钮事件过程

（4）在窗体视图下，单击"供应商信息"页的"添加"按钮，按图 14.52 添加新的供应商信息。

图 14.52　添加供应商信息

（5）单击该页的"查看"按钮，浏览"供应商"报表，核实添加的信息，如图 14.53 所示。

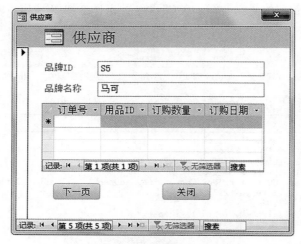

图 14.53 查看新添加信息

（6）为"打印"按钮添加宏操作，如图 14.54 所示，保存并关闭宏。

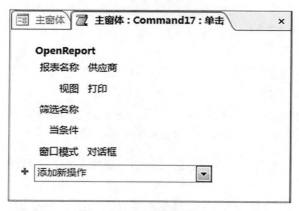

图 14.54 "打印"按钮宏

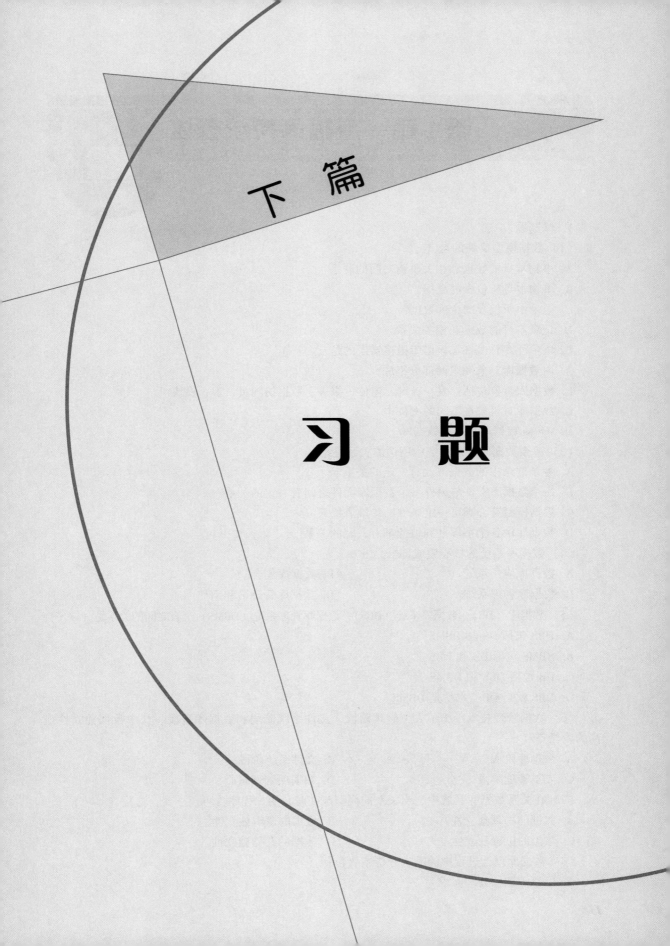

下 篇

习 题

第1章 数据库系统概述

1. 单选题

（1）数据模型反映的是（　　　）。

A. 事物本身的数据和相关事物之间的联系

B. 事物本身所包含的数据

C. 记录中所包含的全部数据

D. 记录本身的数据和相关关系

（2）下列关于 Access 数据库描述错误的是（　　　）。

A. 由数据库对象和组两部分组成

B. 数据库对象包括：表、查询、窗体、报表、数据访问页、宏、模块

C. 数据库对象放在不同的文件中

D. Access 数据库是关系数据库

（3）关系数据库管理系统中所谓的关系是指（　　　）。

A. 各条记录中的数据彼此有一定的关系

B. 一个数据库文件与另外一个数据库文件之间有一定的关系

C. 数据模型符合满足一定条件的二维表格式

D. 数据库中各个字段之间彼此都有一定的关系

（4）数据库系统的核心组成部分是（　　　）。

A. 数据库应用系统　　　　　　　　　B. 数据库集合

C. 数据库管理系统　　　　　　　　　D. 数据库管理员和用户

（5）数据库（DB），数据库系统（DBS），数据库管理系统（DBMS）三者之间的关系是（　　　）。

A. DBS 包括 DB 和 DBMS

B. DBMS 包括 DB 和 DBS

C. DB 包括 DBS 和 DBMS

D. DBS 就是 DB，也就是 DBMS

（6）数据管理技术经历了人工管理阶段、文件系统阶段和数据库阶段。其中数据独立性最高的阶段是（　　　）。

A. 数据库阶段　　　　　　　　　　　B. 文件系统阶段

C. 人工管理阶段　　　　　　　　　　D. 数据项管理阶段

（7）在关系数据库系统中，当关系的模型改变时，用户程序也可以不变，这是（　　　）。

A. 数据的物理独立性　　　　　　　　B. 数据的逻辑独立性

C. 数据的位置独立性　　　　　　　　D. 数据的存储独立性

（8）数据库设计过程中的需求分析主要包括（　　　）。

A. 信息需求、处理需求

B. 处理需求、安全性和完整性需求

C. 信息需求、安全性和完整性需求

D. 信息需求、处理需求、安全性和完整性需求

（9）在下列关于数据库系统的描述中，正确的是（　　）。

A. 数据库中只存在数据项之间的联系

B. 数据库的数据项之间和记录之间都存在联系

C. 数据库的数据项之间无联系，记录之间存在联系

D. 数据库的数据项之间和记录之间都不存在联系

（10）已知某数据模型满足下列条件：允许一个以上的节点无双亲、一个节点可以有多于一个的双亲，则该数据模型是（　　）。

A. 网状模型　　　　　　　　　　B. 树状模型

C. 层次模型　　　　　　　　　　D. 关系模型

（11）在下列关于数据库管理系统的描述中，正确的是（　　）。

A. 数据库管理系统指系统开发人员利用数据库系统资源开发的面向某一类实际应用的软件系统

B. 数据库管理系统指位于用户与操作系统之间的数据库管理软件，能方便地定义数据和操纵数据

C. 数据库管理系统能实现有组织地、动态地存储大量的相关数据，提供数据处理和信息资源共享

D. 数据库管理系统由硬件系统、数据库集合、数据库管理员和用户组成

（12）使用二维表来表示实体以及实体之间联系的数据模型是（　　）。

A. 实体-联系模型　　　　　　　　B. 层次模型

C. 网状模型　　　　　　　　　　D. 关系模型

（13）关系数据库系统能够实现的 3 种基本关系运算是（　　）。

A. 索引、排序、查询　　　　　　B. 建库、输入、输出

C. 选择、投影、联接　　　　　　D. 显示、统计、复制

（14）在下列关于关系模型特点的描述中，错误的是（　　）。

A. 在一个关系中元组和列的次序都无关紧要

B. 可以将日常手工管理的各种表格，按照一张表一个关系直接存放到数据库系统中

C. 每个属性必须是不可分割的数据单元，表中不能再包含表

D. 在同一个关系中不能出现相同的属性名

（15）关系数据库的任何检索操作都是由 3 种基本运算组合而成的，这 3 种基本运算不包括（　　）。

A. 联接　　　　　B. 关系　　　　　C. 选择　　　　　D. 投影

（16）数据表中的"行"称为（　　）。

A. 字段　　　　　B. 数据　　　　　C. 记录　　　　　D. 数据视图

（17）"商品"与"顾客"两个实体集之间的联系一般是（　　）。

A. 一对一　　　　B. 一对多　　　　C. 多对一　　　　D. 多对多

（18）常见的数据模型有 3 种，它们是（　　）。

A. 网状、关系和语义　　　　　　B. 层次、关系和网状

C. 环状、层次和关系　　　　　　D. 字段名、字段类型和记录

（19）下列实体的联系中，属于多对多联系的是（　　）。

A. 学生与课程　　　　　　　　　B. 学校与校长

C. 住院的病人与病床　　　　　　D. 职工与工资

（20）在关系运算中，投影运算的含义是（　　）。

A. 在基本表中选择满足条件的记录组成一个新的关系

B. 在基本表中选择需要的字段（属性）组成一个新的关系

C. 在基本表中选择满足条件的记录和属性组成一个新的关系

D. 上述说法都正确

（21）在关系运算中，选择运算的含义是（　　）。

A. 在基本表中选择满足条件的元组组成一个新的关系

B. 在基本表中选择需要的属性组成一个新的关系

C. 在基本表中选择满足条件的元组和属性组成一个新的关系

D. 以上说法都正确

（22）下列叙述正确的是（　　）。

A. 数据库系统是一个独立的系统，不需要操作系统的支持

B. 数据库技术的根本目标是解决数据的共享问题

C. 数据库管理系统就是数据库系统

D. 以上说法都不正确

（23）在企业中，职工的"工资级别"与职工个人"工资"的联系是（　　）。

A. 一对一　　　　　　　　　　　B. 一对多

C. 多对多　　　　　　　　　　　D. 无联系

（24）在超市营业过程中，每个时段要安排一个班组上岗值班，每个收款口要配备两名收款员配合工作，共同使用一套收款设备为顾客服务。在超市数据库中，实体之间属于一对一联系的是（　　）。

A. "顾客"与"收款口"的关系　　　B. "收款口"与"收款员"的关系

C. "班组"与"收款员"的关系　　　D. "收款口"与"设备"的关系

（25）在"教师"表中，如果要找出职称为"教授"的教师，那么所采用的关系运算是（　　）。

A. 选择　　　　　B. 投影　　　　　C. 联接　　　　　D. 自然联接

（26）一间宿舍可住多名学生，则实体宿舍和学生之间的联系是（　　）。

A. 一对一　　　　B. 一对多　　　　C. 多对一　　　　D. 多对多

（27）在"学生"表中要查找所有年龄小于20岁且姓"王"的男生，应采用的关系运算是（　　）。

A. 选择　　　　　B. 投影　　　　　C. 联接　　　　　D. 比较

（28）一名工作人员可以使用多台计算机，而一台计算机可被多人使用，则实体工作人员与计算机之间的联系是（　　）。

A. 一对一　　　　B. 一对多　　　　C. 多对多　　　　D. 多对一

（29）学校图书馆规定，一名旁听生同时只能借一本书，一名在校生同时可以借5本书，一名教师同时可以借10本书，在这种情况下，读者与图书之间形成了借阅关系，这种借阅关系是（　　）。

A. 一对一　　　　B. 一对五　　　　C. 一对十　　　　D. 一对多

（30）下列关于 Access 数据库特点的描述中，错误的是（   ）。

A. 可以支持 Internet/Intranet 应用

B. 可以保存多种类型的数据，包括多媒体数据

C. 可以通过编写应用程序来操作数据库中的数据

D. 可以作为网状型数据库支持客户机/服务器应用系统

2. 填空题

（1）数据是反映客观事物存在方式和运动状态的_____，是信息的_____。

（2）信息是有用的_____。

（3）数据是信息的表现_____。

（4）数据管理技术发展过程经过人工管理、文件系统和数据库 3 个阶段，其中数据独立性最高的阶段是_____。

（5）数据库是以一定的组织方式将相关的数据组织在一起、长期存放在计算机内、可为多名用户共享、与应用程序彼此独立、统一管理的_____。

（6）数据库常用的数据模型有层次模型、_____、_____、_____。

（7）数据库管理系统通常由_____、_____、_____组成。

（8）数据库系统通常由_____、_____、_____和_____组成。

（9）数据库系统的三级模式结构由_____、_____、_____组成。

（10）数据的 3 个范畴是_____、_____和_____。

（11）_____软件具有数据的安全性控制、数据的完整性控制、并发控制和故障恢复功能。

（12）性质相同的同类实体的集合，称为_____。

（13）数据库概念结构设计的核心内容是_____。

（14）_____是对关系中元组的唯一性约束，也就是对关系的主码或主键的约束。

（15）若想设计一个性能良好的数据库，则应尽量满足_____原则。

（16）把实体－联系模型转换为关系模型，实体之间多对多联系在关系模型中是通过_____实现的。

（17）表之间的关联关系就是通过主键与_____作为纽带实现关联的。

（18）用二维表的形式来表示实体之间联系的数据模型称为_____。

（19）DBMS 的意思是_____。

（20）在关系模型中，操作的对象和结果都是_____。

（21）对关系进行选择、投影和联接运算，其运算结果仍是_____。

（22）关系数据库的表中，每一行为一条_____。

（23）关系数据库模型中，二维表的列称为属性，二维表的行称为_____。

（24）关系数据库中，把数据表示成二维表，每一个二维表称为_____。

（25）关系数据库中，关系亦称为_____，元组亦称为_____，属性亦称为_____。

（26）关系数据库中，两个关系间的联系通过_____实现。

（27）关系代数运算中，基本的运算是_____、_____、_____。

3. 思考题

（1）信息和数据有什么区别？

（2）简述数据管理技术的几个发展阶段。

（3）什么是数据库管理系统？

第2章 创建与管理数据库

1. 单选题

（1）数据库系统的核心组成部分是（　　）。

A. 数据模型　　　B. 数据库管理系统　C. 数据库　　　　D. 数据库管理员

（2）数据库文件中包含对象（　　）。

A. 表　　　　　　B. 查询　　　　　　C. 窗体　　　　　D. 以上都包含

（3）Access 中表和数据库的关系是（　　）。

A. 一个数据库中包含多个表　　　　　B. 一个表只能包含两个数据库

C. 一个表可以包含多个数据库　　　　D. 一个数据库只能包含一个表

（4）关系数据库中的表不必具有的性质是（　　）。

A. 数据项不可再分　　　　　　　　　B. 同列数据项要具有相同的数据类型

C. 记录的顺序可以任意排列　　　　　D. 字段的顺序不能任意排列

（5）一个 Access 数据库包含 3 个表、5 个查询和两个窗体、两个数据访问页，则该数据库一共需要（　　）个文件进行存储。

A. 12　　　　　　B. 10　　　　　　　C. 3　　　　　　　D. 1

（6）退出 Access 数据库管理系统可以使用的快捷键是（　　）。

A.〈Alt+F+X〉　　B.〈Alt+X〉　　　　C.〈Ctrl+C〉　　　D.〈Ctrl+O〉

（7）Access 的数据库类型是（　　）。

A. 层次数据库　　B. 网状数据库　　　C. 关系数据库　　D. 面向对象数据库

（8）下列关于数据库设计的叙述错误的是（　　）。

A. 在进行设计时，要遵从概念单一化"一事一地"原则，需要将有联系的实体设计成一个表

B. 避免在一个表中出现重复字段

C. 设计数据库的目的实质上是设计出满足实际应用需求的实际关系模型

D. 设计表时，表中的字段必须是原始数据

（9）下列描述错误的是（　　）。

A. 数据库访问页是数据库的访问对象，它和其他的数据库对象的性质是相同的

B. Access 通过数据访问页只能发布静态数据

C. Access 通过数据访问页能发布数据库中保存的数据

D. 数据库访问页可以通过 IE 浏览器打开

（10）利用 Access 创建的数据库文件，其扩展名为（　　）。

A. .adp　　　　　B. .dbf　　　　　　C. .frm　　　　　　D. .mdb

（11）在以下叙述中，正确的是（　　）。

A. Access 只能使用系统菜单创建数据库应用系统

B. Access 不具备程序设计能力

C. Access 只具备模块化程序设计能力

D. Access 具有面向对象的程序设计能力，并能创建复杂的数据库应用系统

（12）Access 数据库具有很多特点，下列叙述中，不是 Access 特点的是（　　）。

A. Access 数据库可以保存多种数据类型，包括多媒体数据

B. Access 可以通过编写应用程序来操作数据库中的数据

C. Access 可以支持 Internet/Intranet 应用

D. Access 作为网状数据库模型支持客户机/服务器应用系统

（13）数据访问页是一种独立于 Access 数据库的文件，该文件的类型是（　　）。

A. TXT 文件　　　　B. HTML 文件　　　　C. ACCDB 文件　　　D. DOC 文件

（14）在 Access 数据库对象中，体现数据库设计目的的对象是（　　）。

A. 报表　　　　　　B. 模块　　　　　　C. 查询　　　　　　D. 表

（15）在 Access 数据库中，表就是（　　）。

A. 关系　　　　　　B. 记录　　　　　　C. 索引　　　　　　D. 数据库

（16）Access 任务窗格包含（　　）功能。

A. 新建文件　　　　B. 文件搜索　　　　C. 剪贴板　　　　　D. 以上皆是

（17）在 Access 中，可以使用（　　）菜单下的数据库实用工具进行 Access 数据库版本的转换。

A. 文件　　　　　　B. 视图　　　　　　C. 工具　　　　　　D. 编辑

（18）以下哪种方法不能退出 Access（　　）？

A. 选择"文件"→"退出"命令　　　　B. 按〈Alt+F4〉快捷键

C. 按〈Esc〉键　　　　　　　　　　D. 按〈Ctrl+Alt+Delete〉快捷键

（19）以下不是 Office 应用程序组件的软件是（　　）。

A. Oracle　　　　　B. Excel　　　　　C. Word　　　　　　D. Access

（20）以下说法错误的是（　　）。

A. 先启动 Access 系统窗口才能打开其数据库窗口

B. 在 Access 系统窗口中只有一个数据库为当前数据库

C. Access 系统的数据库由 7 个对象构成

D. 数据库窗口是 Access 系统窗口的一部分

（21）Access 能处理的数据包括（　　）。

A. 数字　　　　　　　　　　　　　B. 文字

C. 图片、动画、音频　　　　　　　D. 以上均可以

2. 填空题

（1）在 Access 2016 主窗口中，从＿＿＿＿选项卡中选择"打开"命令可以打开一个数据库文件。

（2）在 Access 2016 中，所有对象都存放在一个扩展名为＿＿＿＿＿＿＿的数据库文件中。

（3）空数据库是指该文件中＿＿＿＿。

（4）在 Access 2016 中，数据库的核心对象是＿＿＿＿＿＿＿＿＿。

（5）在 Access 2016 中，用于和用户进行交互的数据库对象是＿＿＿＿。

（6）在 Access 2016 中要对数据库设置密码，必须以＿＿＿＿＿＿＿的方式打开数据库。

3. 思考题

（1）Access 2016 的启动和退出各有哪些方法？

（2）Access 2016 导航窗格有何特点？

（3）Access 2016 中创建数据库的方法有哪些？

第3章　创建数据表和关系

1. 单选题

（1）利用 Access 中记录的排序规则，对下列文字进行降序排序后的先后顺序应该是(　　)。

ACCESS、aCCESS、数据库管理、等级考试

A. 数据库管理　等级考试　ACCESS　aCCESS

B. 数据库管理　等级考试　aCCESS　ACCESS

C. ACCESS　aCCESS　等级考试　数据库管理

D. aCCESS　ACCESS　等级考试　数据库管理

（2）有关字段属性，以下叙述错误的是（　　）。

A. 字段大小可用于设置文本、数字或自动编号等类型字段的最大容量

B. 可对任意类型的字段设置"默认值"属性

C. "有效性规则"属性是用于限制此字段输入值的表达式

D. 不同的字段类型，其字段属性有所不同

（3）如果一个数据表中存在完全一样的元组，则该数据表（　　）。

A. 存在数据冗余

B. 不是关系数据模型

C. 数据模型采用不当

D. 数据库系统的数据控制功能不好

（4）输入数据时，如果希望输入的格式标准保持一致，或者希望检查输入时的错误，可以（　　）。

A. 控制字段大小 　　　　　　B. 设置默认值

C. 定义有效性规则 　　　　　　D. 设置输入掩码

（5）定位最后一条记录中的最后一个字段的快捷键是（　　）。

A. 〈Ctrl+↓〉 　　　　　　B. 〈↓〉

C. 〈Ctrl+Home〉 　　　　　　D. 〈Ctrl+End〉

（6）在"工资"表中存在如下字段：基本工资、奖金、津贴、房租、应发工资、其他应扣、实发工资。其中，应发工资＝基本工资+奖金−房租，实发工资＝应发工资−其他应扣。则下列哪个选项描述最合适（　　）？

A. 对于表来说，通常情况下，不必将计算结果存储在表中，对于能够经过推导得到的数据，不必作为基本数据在数据库中存在，因此实发工资没有必要在数据库中存在。而由应发工资得到实发工资，应发工资可以存在数据库中

B. 该表中的数据都是基本元素，因此该表的设计比较合理

C. 对于该表来说，应当将津贴和奖金合并，因为对于表来说，应当减小冗余

D. 对于表来说，通常情况下，不必将计算结果存储在表中，对于能够经过推导得到的数

据，不必作为基本数据在数据库中存在，因此实发工资和应发工资都没有必要在数据库中存在

（7）以下关于货币数据类型的叙述，错误的是（　　）。

A. 向货币字段输入数据时，系统自动将其设置为 4 位小数

B. 可以和数值型数据混合计算，结果为货币型

C. 字段长度是 8 字节

D. 向货币字段输入数据时，不必输入美元符号和千位分隔符

（8）假设数据库中表 A 和表 B 建立了一对多关系，表 B 为"多"的一方，则下述说法中正确的是（　　）。

A. 表 A 中的一条记录能与表 B 中的多条记录匹配

B. 表 B 中的一条记录能与表 A 中的多条记录匹配

C. 表 A 中的一个字段能与表 B 中的多个字段匹配

D. 表 B 中的一个字段能与表 A 中的多个字段匹配

（9）在关于输入掩码的叙述中，错误的是（　　）。

A. 在定义字段的输入掩码时，既可以使用输入掩码向导，也可以直接使用字符

B. 定义字段的输入掩码，是为了设置密码

C. 输入掩码中的字段"0"表示可以选择输入数字 0~9 之间的一个数

D. 直接使用字符定义输入掩码时，可以根据需要将字符组合起来

（10）下面说法中，错误的是（　　）。

A. 文本型字段，最长为 255 个字符

B. 要得到一个计算字段的结果，仅能运用总计查询来完成

C. 在创建一对一关系时，要求两个表的相关字段都是主关键字

D. 创建表之间的关系时，正确的操作是关闭所有打开的表

（11）在 Access 表中，可以定义 3 种主关键字，它们分别是（　　）。

A. 单字段、双字段和多字段

B. 单字段、双字段和自动编号

C. 单字段、多字段和自动编号

D. 双字段、多字段和自动编号

（12）以下关于 Access 表的叙述中，正确的是（　　）。

A. 表一般包含 1~2 个主题的信息

B. 表的数据表视图只用于显示数据

C. 表设计视图的主要工作是设计表的结构

D. 在表的数据表视图中，不能修改字段名称

（13）以下关于空值的叙述中，错误的是（　　）。

A. 空值表示字段还没有确定值

B. Access 使用 Null 来表示空值

C. 空值等于空字符串

D. 空值不等于数值 0

（14）一个关系数据库的表中有多条记录，记录之间的相互关系是（　　）。

A. 前后顺序不能任意颠倒，一定按照输入的顺序排列

B. 前后顺序可以任意颠倒，不影响库中的数据关系

C. 前后顺序可以任意颠倒，但排列顺序不同，统计处理结果可能不同

D. 前后顺序不能任意颠倒，一定要按照关键字值的顺序排列

（15）定义字段默认值的含义是（ ）。

A. 不得使该字段为空

B. 不允许字段的值超出某个范围

C. 在未输入数据之前系统自动提供的数值

D. 系统自动把小写字母转化为大写字母

（16）对数据表进行筛选操作，结果是（ ）。

A. 只显示满足条件的记录，将不满足条件的记录从表中删除

B. 显示满足条件的记录，并将这些记录保存在一个新表中

C. 只显示满足条件的记录，不满足条件的记录被隐藏

D. 将满足条件的记录和不满足条件的记录分为两个表进行显示

（17）在 Access 的数据表中删除一条记录，被删除的记录（ ）。

A. 可以恢复到原来位置   B. 被恢复为最后一条记录

C. 被恢复为第一条记录   D. 不能恢复

（18）下列关于 OLE 对象的叙述中，正确的是（ ）。

A. 用于输入文本数据   B. 用于处理超级链接数据

C. 用于生成自动编号数据   D. 用于链接或内嵌 Windows 支持的对象

（19）在"关系"窗格中，双击两个表之间的连接线，会出现（ ）。

A. 数据表分析向导   B. "数据关系图"窗口

C. 连接线粗细变化   D. "编辑关系"对话框

（20）Access 中，设置为主键的字段（ ）。

A. 不能设置索引   B. 可设置为"有（有重复）"索引

C. 系统自动设置索引   D. 可设置为"无"索引

（21）若将文本型字段的输入掩码设置为"###-######"，则正确的输入数据是（ ）。

A. 0755-abcdef   B. 077-12345   C. acd-123456   D. ####-######

（22）下列关于字段属性的叙述中，正确的是（ ）。

A. 可对任意类型的字段设置"默认值"属性

B. 定义字段默认值的含义是该字段值不允许为空

C. 只有文本型数据能够使用输入掩码向导

D. "有效性规则"属性只允许定义一个条件表达式

（23）下列关于索引的叙述中，错误的是（ ）。

A. 可以为所有的数据类型建立索引

B. 可以提高对表中记录的查询速度

C. 可以加快对表中记录的排序速度

D. 可以基于单个字段或多个字段建立索引

（24）在 Access 数据库中，表由（ ）。

A. 字段和记录组成   B. 查询和字段组成

C. 记录和窗体组成   D. 报表和字段组成

（25）冒泡排序在最坏情况下的比较次数是（ ）。

A. $n(n+1)/2$ B. $n\log_2 n$ C. $n(n-1)/2$ D. $n/2$

（26）邮政编码是由 6 位数字组成的字符串，以下为邮政编码设置的输入掩码中，正确的是（   ）。

    A. 000000   B. 999999   C. CCCCCC   D. LLLLLL

（27）能够使用输入掩码设定控件的输入格式的是（   ）。

    A. 文本型或数字型   B. 文本型或日期型

    C. 数字型或日期型   D. 数字型或货币型

（28）Access 中通配符 "–" 的含义是（   ）。

    A. 通配任意单个运算符   B. 通配任意单个字符

    C. 通配任意多个减号   D. 通配指定范围内的任意单个字符

（29）Access 数据库中，为了保持表之间的关系，要求在主表中修改相关记录时，子表相关记录随之更改。为此需要定义参照完整性关系的（   ）。

    A. 级联更新相关字段   B. 级联删除相关字段

    C. 级联修改相关字段   D. 级联插入相关字段

2. 填空题

（1）Access 表由＿＿＿＿＿＿和＿＿＿＿＿＿两部分组成。

（2）在 "学生" 表中有 "助学金" 字段，其数据类型可以是数字型或＿＿＿＿＿＿。

（3）如果某一字段没有设置显示标题，则系统将＿＿＿＿＿＿设置为字段的显示标题。

（4）学生的学号由 9 位数字组成，其中不能包含空格，则为 "学号" 字段设置的正确的输入掩码是＿＿＿＿＿＿。

（5）用于建立两表之间关联的两个字段必须具有相同的＿＿＿＿＿＿。

（6）修改表结构只能在表的＿＿＿＿＿＿中完成，而给表添加数据的操作是在表的＿＿＿＿＿＿中完成的。

（7）要在表中使某些字段不移动显示位置，可用＿＿＿＿＿＿字段的方法；要在表中不显示某些字段，可用＿＿＿＿＿＿字段的方法。

（8）某数据表中有 5 条记录，其中文本型字段 "号码" 各记录内容如下：125、98、85、141、119，则升序排序后，该字段内容的先后顺序表示为＿＿＿＿＿＿。

3. 思考题

（1）Access 2016 中创建表的方法有哪些？

（2）在 Access 中修改表的字段名、数据类型应该在哪种视图方式下进行？修改表中的记录应该在哪种视图方式下进行？

（3）记录的排序和筛选各有什么作用？如何取消对记录的筛选/排序？

第4章　查询

1. 单选题

（1）在查询中，默认的字段显示顺序是（　　）。

A. 在表的数据表视图中显示的顺序　　　　B. 添加时的顺序

C. 按照字母顺序　　　　　　　　　　　　D. 按照文字笔画顺序

（2）建立一个基于"学生"表的查询，要查找"出生日期"（数据类型为日期/时间型）在1980-06-06 到 1980-07-06 之间的学生，在"出生日期"字段列的"条件"行中输入的表达式是（　　）。

A. Between 1980-06-06 And 1980-07-06

B. Between #1980-06-06# And #1980-07-06#

C. Between 1980-06-06 Or 1980-07-06

D. Between #1980-06-06# Or #1980-07-06#

（3）创建交叉表查询，在"交叉表"行上有且只能有一个的是（　　）。

A. 行标题和列标题　　　　　　　　　　　B. 行标题和值

C. 行标题、列标题和值　　　　　　　　　D. 列标题和值

（4）下列不属于 SQL 查询的是（　　）。

A. 操作查询　　　　B. 联合查询　　　　C. 传递查询　　　　D. 数据定义查询

（5）Access 通过数据访问页可以发布的数据（　　）。

A. 只能是静态数据　　　　　　　　　　　B. 只能是数据库中保持不变的数据

C. 只能是数据库中变化的数据　　　　　　D. 是数据库中保存的数据

（6）下列关于 Select Case … End Select 语句结构中 Case 表达式的格式，描述错误的是（　　）。

A. 单一数值或一行并列的数值

B. 由关键字 To 分隔开的两个数值或表达式之间的范围

C. 关键字 Not 接关系运算符，后接变量或精确的值

D. 关键字 Case Else 后的表达式，是在前面的 Case 条件都不满足时执行的

（7）在总计查询中，Expression( )函数的功能是（　　）。

A. 求在表或查询中第一条记录的字段值

B. 求在表或查询中最后一条记录的字段值

C. 创建表达式中不包含统计函数的计算字段

D. 创建表达式中包含统计函数的计算字段

（8）以下关于查询的叙述正确的是（　　）。

A. 只能根据数据库表创建查询

B. 只能根据已建查询创建查询

C. 可以根据数据库表和已建查询创建查询

D. 不能根据已建查询创建查询

(9) 表达式 "D = DateAdd("m", -2, #2004-2-29 10：40：11#)" 的返回值为（　　）。

A. #2004-2-29 10：38：11#　　　　　　　B. #2004-4-27 10：40：11#

C. #2004-2-27 10：40：11#　　　　　　　D. #2003-12-29 10：40：11#

(10) 利用 Access 中记录的排序规则，对文字字符串 "5, 8, 13, 24" 进行升序排序的先后顺序应该是（　　）。

A. 5, 8, 13, 24　　　　　　　　　　　　B. 13, 24, 5, 8

C. 24, 13, 8, 5　　　　　　　　　　　　D. 8, 5, 24, 13

(11) Access 支持的查询类型有（　　）。

A. 选择查询、交叉表查询、参数查询、SQL 查询和操作查询

B. 基本查询、选择查询、参数查询、SQL 查询和操作查询

C. 多表查询、单表查询、交叉表查询、参数查询和操作查询

D. 选择查询、统计查询、参数查询、SQL 查询和操作查询

(12) 关于自动编号数据类型，下列描述正确的是（　　）。

A. 自动编号数据为文本型

B. 某表中有自动编号数据类型的字段，当删除所有记录后，新增加的记录的自动编号从 1 开始

C. 自动编号数据类型一旦被指定，就会永久地与记录连接

D. 自动编号数据类型可自动进行编号的更新，当删除已经编号的记录后，自动进行自动编号类型字段的编号更改

(13) SQL 的功能包括（　　）。

A. 查找、编辑、控制、操纵　　　　　　B. 数据定义、数据查询、数据操纵、数据控制

C. 窗体、视图、查询、页　　　　　　　D. 控制、查询、删除、增加

(14) 下列关于文本数据类型的叙述错误的是（　　）。

A. 文本数据类型最多可保存 255 个字符

B. 文本数据类型所使用的对象为文本或文本与数字的结合

C. 文本数据类型在 Access 中默认字段大小为 50 个字符

D. 当将一个表中文本数据类型的字段修改为备注数据类型的字段时，该字段原来存在的内容都会完全丢失

(15) 在 Access 的数据库中已经建立了 "tBook" 表，若查找 "图书编号" 是 "112266" 和 "113388" 的记录，则应在查询设计视图的准则行中输入（　　）。

A. "112266" And"113388"　　　　　　B. Not In("112266","113388")

C. In("112266","113388")　　　　　　D. Not("112266" And"113388")

(16) 排序时如果选取了多个字段，则输出结果是（　　）。

A. 按设定的优先次序依次进行排序　　　B. 按最右边的列开始排序

C. 按从左向右的优先次序依次排序　　　D. 无法进行排序

(17) SQL 的含义是（　　）。

A. 结构化查询语言　　　　　　　　　　B. 数据定义语言

C. 数据库查询语言　　　　　　　　　　D. 数据库操纵与控制语言

(18) 在已建 "雇员" 表中有 "工作日期" 字段，下图所示的是以此表为数据源创建的

"雇员基本信息"窗口。

　　假设当前雇员的工作日期为"1998－08－17"，若在"工作日期"标签右侧文本框控件的"控件来源"属性中输入表达式"＝Str(Month（[工作日期]）) +"月""，则在该文本框控件内显示的结果是（　　）。

　　A. Str(Month（Date（0）) +"月"　　　　B. "08" +"月"

　　C. 08 月　　　　　　　　　　　　　　D. 8 月

　　(19) 在 Access 中已建立了"工资"表，表中包括"职工号""所在单位""基本工资"和"应发工资"等字段，如果要按单位统计应发工资总数，那么在查询设计视图的"所在单位"的"总计"行和"应发工资"的"总计"行分别选择的是（　　）。

　　A. Sum，Group By　　　　　　　　B. Count，Group By

　　C. Group By，Sum　　　　　　　　D. Group By，Count

　　(20) 在创建交叉表查询时，列标题字段的值显示在交叉表的位置是（　　）。

　　A. 第一行　　　　B. 第一列　　　　C. 上面若干行　　　D. 左面若干列

　　(21) 在 Access 中已经建立了"学生"表，表中有"学号""姓名""性别"和"入学成绩"等字段。执行如下 SQL 命令：

　Select 性别,Avg(入学成绩) From 学生 Group By 性别

其结果是（　　）。

　　A. 计算并显示所有学生的性别和入学成绩的平均值

　　B. 按性别分组计算并显示性别和入学成绩的平均值

　　C. 计算并显示所有学生的入学成绩的平均值

　　D. 按性别分组计算并显示所有学生的入学成绩的平均值

　　(22) 如果在查询的条件中使用了通配符方括号"[ ]"，那么它的含义是（　　）。

　　A. 通配任意长度的字符

　　B. 通配不在括号内的任意字符

　　C. 通配方括号内列出的任一单个字符

　　D. 错误的使用方法

　　(23) 在下列查询语句中，与 SELECT TAB1.＊FROM TAB1 WHERE InStr（[简历],"篮球")<>0 功能相同的语句是（　　）。

　　A. SELECT TAB1.＊FROM TAB1 WHERE TAB1.简历 Like"篮球"

　　B. SELECT TAB1.＊FROM TAB1 WHERE TAB1.简历 Like "＊篮球"

　　C. SELECT TAB1.＊FROM TAB1 WHERE TAB1.简历 Like "＊篮球＊"

　　D. SELECT TAB1.＊FROM TAB1 WHERE TAB1.简历 Like "篮球＊"

　　(24) 下列关于 SQL 语句的说法中，错误的是（　　）。

　　A. INSERT 语句可以向数据表中追加新的数据记录

B. UPDATE 语句用来修改数据表中已经存在的数据记录

C. DELETE 语句用来删除数据表中的记录

D. CREATE 语句用来建立表结构并追加新的记录

（25）若要将"产品"表中所有供货商是"ABC"的产品单价下调 50，则正确的 SQL 语句是（   ）。

A. UPDATE 产品 SET 单价＝50 WHERE 供货商＝"ABC"

B. UPDATE 产品 SET 单价＝单价−50 WHERE 供货商＝"ABC"

C. UPDATE FROM 产品 SET 单价＝50 WHERE 供货商＝"ABC"

D. UPDATE FROM 产品 SET 单价＝单价−50 WHERE 供货商＝"ABC"

（26）在"学生"表中建立查询，"姓名"字段的查询条件设置为"Is Null"，运行该查询后，显示的记录是（   ）。

A. "姓名"字段为空的记录   B. "姓名"字段中包含空格的记录

C. "姓名"字段不为空的记录   D. "姓名"字段中不包含空格的记录

（27）在"教师"表中"职称"字段可能的取值为教授、副教授、讲师和助教，要查找职称为教授或副教授的教师，错误的语句是（   ）。

A. SELECT ＊ FROM 教师表 WHERE （InStr（［职称］,"教授"）＜＞0）

B. SELECT ＊ FROM 教师表 WHERE （Right（［职称］, 2）＝"教授"）

C. SELECT ＊ FROM 教师表 WHERE （［职称］＝"教授"）

D. SELECT ＊ FROM 教师表 WHERE （InStr（［职称］,"教授"）＝1 Or InStr（［职称］,"教授"）＝2）

（28）在"学生成绩"表中，若要查询姓"张"的女同学的信息，则正确的条件设置为（   ）。

A. 在"条件"单元格中输入：姓名＝"张" AND 性别＝"女"

B. 在"性别"对应的"条件"单元格中输入："女"

C. 在"性别"的条件行输入："女"，在"姓名"的条件行输入：LIKE "张＊"

D. 在"条件"单元格中输入：性别＝"女"AND 姓名＝"张＊"

（29）查询设计好以后，可进入数据表视图观察结果，不能实现的方法是（   ）。

A. 保存并关闭该查询后，双击该查询

B. 直接单击工具栏的"运行"按钮

C. 选定"表"对象，双击"使用数据表视图创建"快捷方式

D. 单击工具栏最左端的"视图"按钮，切换到数据表视图

2. 填空题

（1）在 Access 中，查询的结果集以＿＿＿＿＿＿＿＿的形式显示出来。

（2）操作查询包括＿＿＿＿＿、删除查询、生成表查询和追加查询 4 种。

（3）每个查询都有 3 种视图，分别为设计视图、数据表视图和＿＿＿＿＿。

（4）Access 数据库中的查询有很多种，根据每种方式在执行上的不同可以分为选择查询、交叉表查询、＿＿＿＿＿、＿＿＿＿＿和 SQL 查询。

（5）SELECT 名字 AND 年龄 FROM 职员表 WHERE 姓名 LIKE'李%'，这条查询语句的意思是＿＿＿＿＿。

（6）查询设计视图分为上下两部分，上半部分为字段列表区，下半部分为_____。

（7）创建分组统计查询时，总计项应选择_____。

（8）假定电话号码字段为文本型，要想显示所有以"5"开头的记录，在准则中应输入_____。

（9）通过提示信息让用户输入检索表中数据的条件，这时应该创建_____。

（10）表示查询"雇员"的"出生日期"为1955年以前出生的设置条件是_____。

（11）在交叉表查询中，只能有一个_____和值，但可以有一个或多个_____。

（12）在"成绩"表中，查找成绩在75~85分之间的记录时，条件为_____。

（13）SELECT语句中的ORDER BY短语用于对查询的结果进行_____。

3. 思考题

（1）选择查询和操作查询有何区别？

（2）查询有哪些视图方式？各有何特点？

（3）如何用SQL命令建立表结构？

第5章　窗体

1. 单选题

（1）Access 窗体中的文本框控件分为（　　）。

A. 计算型和非计算型　　　　　　　　B. 绑定型和未绑定型

C. 控制型和非控制型　　　　　　　　D. 记录型和非记录型

（2）要显示格式为"页码/总页数"的页码，应当设置文本框控件的控件来源属性为（　　）。

A. ［Page］/［Pages］　　　　　　　　B. ＝［Page］/［Pages］

C. ［Page］&"/"&［Pages］　　　　　　D. ＝［Page］&"/"&［Pages］

（3）下列选项中关于控件的描述，错误的是（　　）。

A. 控件是窗体上用于显示数据、执行操作、装饰窗体的对象

B. 在窗体上添加的每一个对象都是控件

C. 控件的类型分为绑定型、未绑定型、计算型、非计算型

D. 非结合型的控件没有数据来源，可以用来显示信息、线条、矩形或图像

（4）按钮获得输入焦点之前发生的事件为（　　）。

A. OnGetFoucs　　　　　　　　　　　B. OnMouseDown

C. OnEnter　　　　　　　　　　　　　D. OnKeyDown

（5）下列有关窗体的描述，错误的是（　　）。

A. 数据源可以是表和查询

B. 可以链接数据库中的表，作为输入记录的界面

C. 能够从表中查询提取所需的数据，并将其显示出来

D. 可以将数据库中需要的数据提取出来进行分析、整理和计算，并将数据以格式化的方式发送到打印机

（6）允许用户对窗体表格内的数据进行操作，以满足不同的数据分析和要求的窗体类型是（　　）。

A. 数据表窗体

B. 数据透视表窗体

C. 纵栏式窗体

D. 图表窗体

（7）下列有关窗体的描述，错误的是（　　）。

A. 可以存储数据，并只能以行和列的形式显示数据

B. 可以用于显示表和查询中的数据，输入数据、编辑数据和修改数据

C. 由多个部分组成，每个部分称为一个"节"

D. 有 3 种视图：设计视图、窗体视图和数据表视图

（8）下列选项不属于窗体数据属性的是（　　　）。

A. 记录源　　　　　　B. 排序依据　　　　　C. 输入掩码　　　　　D. 数据入口

（9）"用表达式作为数据源，表达式可以利用窗体或报表所引用的表或查询字段中的数据"是对下列哪一类型控件的描述（　　　）？

A. 绑定型控件　　　　B. 未绑定型控件　　　C. 计算型控件　　　　D. 非计算型控件

（10）为窗体上的控件设置 Tab 键的顺序，应选择属性表中的（　　　）。

A. "格式"选项卡　　B. "数据"选项卡　　C. "事件"选项卡　　D. "其他"选项卡

（11）要使 Access 窗口中的某窗体处于打开状态，可以设置窗体的（　　　）。

A. "允许编辑"属性　B. "可见行"属性　　C. "独占方式"属性　D. "是否锁定"属性

（12）假设已在 Access 中建立了包含"书名""单价"和"数量"3 个字段的"tOfg"表，以该表为数据源创建的窗体中，有一个计算定购总金额的文本框，其"控件来源"为（　　　）。

A. ［单价］ ＊ ［数量］

B. ＝［单价］ ＊ ［数量］

C. ［图书订单表］!［单价］ ＊ ［图书订单表］!［数量］

D. ＝［图书订单表］!［单价］ ＊ ［图书订单表］!［数量］

（13）"对象所识别的动作"和"对象可执行的活动"分别称为对象的（　　　）。

A. 方法和事件　　　　B. 事件和方法　　　　C. 事件和属性　　　　D. 过程和方法

（14）窗体上添加有 3 个命令按钮，分别命名为 Command1、Command2 和 Command3。编写 Command1 的单击事件过程，完成的功能为：当单击按钮 Command1 时，按钮 Command2 可用，按钮 Command3 不可见。以下能实现上述操作的事件过程是（　　　）。

A. Private Sub Command1_Click( )

　　　Command2. Visible＝True

　　　Command3. Visible＝False

　End Sub

B. Private Sub Command1_Click( )

　　　Command2. Enabled＝True

　　　Command3. Enabled＝False

　End Sub

C. Private Sub Command1_Click( )

　　　Command2. Enabled＝True

　　　Command3. Visible＝False

　End Sub

D. Private Sub Command1_Click( )

　　　Command2. Visible ＝ True

　　　Command3. Enabled ＝ False

　End Sub

（15）在窗体中添加了一个文本框和一个命令按钮（名称分别为 tText 和 bCommand），并编写了相应的事件过程。运行该窗体后，在文本框中输入一个字符，则命令按钮上的标题变为"计算机等级考试"。以下能实现上述操作的事件过程是（　　　）。

A. Private Sub bCommand_Click( )

　　　Caption＝"计算机等级考试"

　　　　End Sub

　　B．Private Sub tText_Click( )

　　　　bCommand. Caption = "计算机等级考试"

　　　　End Sub

　　C．Private Sub bCommand_Change( )

　　　　Caption = "计算机等级考试"

　　　　End Sub

　　D．Private Sub tText_Change( )

　　　　bCommand. Caption = "计算机等级考试"

　　　　End Sub

（16）在 Access 中已建立"雇员"表，其中有可以存放照片的字段。在使用向导为该表创建窗体时，"照片"字段所使用的默认控件是（　　　　）。

　　A．图像框　　　　　　　　　　　　B．绑定对象框

　　C．非绑定对象框　　　　　　　　　D．列表框

（17）要改变窗体上文本框控件的输出内容，应设置的属性是（　　　　）。

　　A．标题　　　　　　　　　　　　　B．查询条件

　　C．控件来源　　　　　　　　　　　D．记录源

（18）在下图所示的窗体中，有一个标有"显示"字样的命令按钮（名称为 Command1）和一个文本框（名称为 text1）。当单击命令按钮时，将变量 sum 的值显示在文本框内，以下代码正确的是（　　　　）。

　　A．Me！Text1. Caption = sum　　　　B．Me！Text1. Value = sum

　　C．Me！Text1. Text = sum　　　　　D．Me！Text1. Visible = sum

（19）在已建窗体中有一命令按钮（名称为 Commandl），该按钮的单击事件对应的 VBA 代码如下：

```
Private Sub Commandl_Click()
subT. Form. RecordSource = "SELECT * FROM 雇员"
    End Sub
```

单击该按钮实现的功能是（　　　　）。

A．使用 SELECT 命令查找"雇员"表中的所有记录

B．使用 SELECT 命令查找并显示"雇员"表中的所有记录

C．将 subT 窗体的数据来源设置为一个字符串

D．将 subT 窗体的数据来源设置为"雇员"表

（20）下列关于对象"更新前"事件的叙述中，正确的是（　　　　）。

A．在控件或记录的数据变化后发生的事件

B．在控件或记录的数据变化前发生的事件

C. 当窗体或控件接收到焦点时发生的事件

D. 当窗体或控件失去了焦点时发生的事件

（21）若在"销售总数"窗体中有"订货总数"文本框控件，那么能够正确引用控件值的是（　　　）。

A. Forms.［销售总数］.［订货总数］　　　B. Forms!［销售总数］.［订货总数］

C. Forms.［销售总数］!［订货总数］　　　D. Forms!［销售总数］!［订货总数］

（22）若窗体 Frm1 中有一个命令按钮 Cmd1，则窗体和命令按钮的单击事件过程名分别为（　　　）。

A. Form_Click（）　Command1_Click（）　　　B. Frm1_Click（）　Command1_Click（）

C. Form_Click（）　Cmd1_Click（）　　　D. Frm1_Click（）　Cmd1_Click（）

（23）在打开窗体时，依次发生的事件是（　　　）。

A. 打开（Open）→加载（Load）→调整大小（Resize）→激活（Activate）

B. 打开（Open）→激活（Activate）→加载（Load）→调整大小（Resize）

C. 打开（Open）→调整大小（Resize）→加载（Load）→激活（Activate）

D. 打开（Open）→激活（Activate）→调整大小（Resize）→加载（Load）

（24）在窗体中为了更新数据表中的字段，要选择相关的控件，正确的控件选择是（　　　）。

A. 只能选择绑定型控件

B. 只能选择计算型控件

C. 可以选择绑定型或计算型控件

D. 可以选择绑定型、非绑定型或计算型控件

（25）主窗体和子窗体通常用于显示多个表或查询中的数据，这些表或查询中的数据一般应该具有（　　　）关系。

A. 一对一　　　　B. 一对多　　　　C. 多对多　　　　D. 关联

2. 填空题

（1）计算型控件以_____作为数据来源。

（2）使用自动窗体创建的窗体，有_____、_____和_____3 种形式。

（3）在窗体设计视图中，窗体由上而下被分成 5 个节：_____、页面页眉、_____、页面页脚和_____。

（4）"属性表"窗格有 5 个选项卡：_____、_____、_____、_____和全部。

（5）如果要选定窗体中的全部控件，则按_____键。

（6）在设计窗体时使用标签控件创建的是单独标签，它在窗体的_____视图中不能显示。

（7）窗体通常由页眉、页脚、主体三部分组成，每一部分称为一_____。

（8）窗体页眉位于窗体的_____。

（9）窗体的主体节位于窗体的中心部分，_____是窗体的核心部分，由多种控件组成。

（10）窗体的 3 种视图分别是设计视图、_____、_____。

（11）如果用多个表作为窗体的数据来源，则要先利用_____创建一个查询。

（12）纵栏式窗体通常在一个窗体中只显示_____记录。

（13）在窗体中可以使用_____按钮来执行某项操作或某些操作。

（14）窗体中的窗体称为_____。

（15）在 Access 中，创建主/子窗体有两种方法：一种是利用窗体向导同时创建主窗体和子窗体，另一种是将数据库中存在的窗体作为_____加入另一个已有的窗体。

（16）在同时显示具有关系的表或查询中的数据时，_____子窗体特别有效。

（17）根据对象自身是否能容纳其他对象特性，一般分为_____和_____两类。

（18）事件是每个对象可能用以_____的某些行为和动作。

（19）从外观上看，与数据表和查询显示数据的界面相同的窗体是_____；创建带有子窗体的窗体时，主窗体和子窗体的数据源之间必须具有_____关系。

（20）组合框和列表框的主要区别是可以在_____中输入数据，而在_____中不可以。

3. 思考题

（1）简述窗体的分类和作用。

（2）Access 中的窗体共有几种视图？

（3）创建窗体有哪两种方式？如何创建窗体使之能够达到满意的效果？

第6章 报表

1. 单选题

（1）以下叙述正确的是（　　　）。

A. 报表只能输入数据　　　　　　　　　　B. 报表只能输出数据

C. 报表可以输入和输出数据　　　　　　　D. 报表不能输入和输出数据

（2）如果在报表每一页的底部都输出信息，则需要设置的区域是（　　　）。

A. 报表页眉　　　　　B. 报表页脚　　　　　C. 页面页眉　　　　　D. 页面页脚

（3）如果设置报表上某个文本框的"控件来源"属性为"=7 Mod 4"，则打印预览视图中，该文本框显示的信息为（　　　）。

A. 未绑定　　　　　　B. 3　　　　　　　　C. 7 Mod 4　　　　　D. 出错

（4）要在报表页的主体节中显示一条或多条记录，而且以垂直方式显示，应选择（　　　）。

A. 纵栏式报表类型　　　　　　　　　　　B. 表格报表类型

C. 图表报表类型　　　　　　　　　　　　D. 标签报表类型

（5）要显示格式为"Page 页码 of 总页数"的页码，应设置文本框的属性来源为（　　　）。

A. =" Page " & ［Page］

B. = ［Page］& " ／" & ［Pages］& " Pages"

C. = ［Page］& " of " & ［Pages］& " Pages"

D. =" Page " & ［Page］& " of " & ［Pages］

（6）通过（　　　）格式，可以一次性更改报表中所有文本的字体、字号及线条粗细等外观属性。

A. 自动套用　　　　　B. 自定义　　　　　C. 自创建　　　　　D. 图表

（7）要实现报表的分组统计，其操作区域是（　　　）。

A. 报表页眉或报表页脚

B. 页面页眉或页面页脚

C. 主体

D. 组页眉或组页脚

（8）在（　　　）中，一般是以大字体将该份报表的标题放在报表顶端的一个标签控件中。

A. 报表页眉　　　　　B. 页面页眉　　　　　C. 报表页脚　　　　　D. 页面页脚

（9）用来处理每条记录，其字段数据均须通过文本框或其他控件绑定显示的是（　　　）。

A. 主体　　　　　　　B. 主体节　　　　　C. 页面页眉　　　　　D. 页面页脚

（10）下面关于列表框和组合框的叙述，正确的是（　　　）。

A. 列表框和组合框可以包含一列或几列数据

B. 可以在列表框中输入新值，而组合框不能

C. 可以在组合框中输入新值，而列表框不能

D. 在列表框和组合框中均可以输入新值

（11）要使用于数据输入的数据访问页在打开时就具有一个空记录，应该设置页的（   ）。

A. Defaultvalue 属性　　B. Dataentry 属性　　　C. Datatype 属性　　　D. Database 属性

（12）要在输入某日期/时间型字段值时自动插入当前系统日期，在该字段的默认值属性框中输入下列哪一个表达式（   ）?

A. Date( )　　　　　　B. Date [ ]　　　　　C. Time( )　　　　　　D. Time [ ]

（13）要计算报表中所有学生的"数学"课程的平均成绩，在报表页脚节内对应"数学"字段列的位置添加一个文本框计算控件，应该设置其"控件来源"属性为（   ）。

A. =Avg([数学])　　　　　　　　　B. Avg([数学])

C. =Sum([数学])　　　　　　　　　D. Sum([数学])

（14）在以下关于报表数据源设置的叙述中，正确的是（   ）。

A. 可以是任意对象　　　　　　　　　B. 只能是表对象

C. 只能是查询对象　　　　　　　　　D. 可以是表对象或查询对象

（15）在报表设计的工具栏中，用于修饰版面以达到更好显示效果的控件是（   ）。

A. 直线和矩形　　　　　　　　　　　B. 直线和圆形

C. 直线和多边形　　　　　　　　　　D. 矩形和圆形

（16）在使用报表设计器设计报表时，如果要统计报表中某个字段的全部数据，则应将计算表达式放在（   ）。

A. 组页眉/组页脚　　　　　　　　　　B. 页面页眉/页面页脚

C. 报表页眉/报表页脚　　　　　　　　D. 主体

（17）Access 报表对象的数据源可以是（   ）。

A. 表、查询和窗体　　　　　　　　　B. 表和查询

C. 表、查询和 SQL 命令　　　　　　　D. 表、查询和报表

（18）在报表设计过程中，不适合添加的控件是（   ）。

A. 标签控件　　　　　　　　　　　　B. 图形控件

C. 文本框控件　　　　　　　　　　　D. 选项组控件

（19）在报表中，要计算"数学"字段的最低分，应将控件的"控件来源"属性设置为（   ）。

A. =Min([数学])　　　　　　　　　B. =Min(数学)

C. =Min [数学]　　　　　　　　　　D. Min(数学)

（20）要在报表中输出时间，设计报表时要添加一个控件，且需要将该控件的"控件来源"属性设置为时间表达式，最合适的控件是（   ）。

A. 标签控件　　　　B. 文本框控件　　　C. 列表框控件　　　D. 组合框控件

（21）报表输出不可缺少的内容是（   ）。

A. 主体　　　　　　　　　　　　　　B. 页面页眉

C. 页面页脚　　　　　　　　　　　　D. 报表页眉

（22）可以建立多层次的组页眉及组页脚，但一般为（   ）。

A. 2~4 层　　　　B. 3~6 层　　　　C. 4~8 层　　　　D. 5~9 层

（23）将数据以图表形式显示出来可以使用（   ）。

A. 自动报表向导　　　　　　　　　　B. 报表向导

C. 图表向导　　　　　　　　　　　　D. 标签向导

（24）要显示格式为日期或时间，应当设置文本框的"控件来源"属性是（　　）。

A. date( ) 或 time( )
B. =date( ) 或 =time( )

C. date( )&"/" &time( )
D. =date( ) &"/" &time( )

（25）Access 通过数据访问页可以发布的数据是（　　）。

A. 动态数据
B. 数据库中保存的数据

C. 静态数据
D. 任何数据都可以

（26）使用自动创建数据访问页功能创建数据访问页时，Access 会在当前文件夹下，自动保存创建的数据访问页，其格式为（　　）。

A. HTML
B. 文本
C. 数据库
D. Web

（27）数据访问页中主要用来显示描述性文本信息的是（　　）。

A. 标签
B. 命令按钮
C. 文本框
D. 滚动文字

（28）以下关于报表的描述，正确的是（　　）。

A. 在报表中必须包含报表页眉和报表页脚

B. 在报表中必须包含页面页眉和页面页脚

C. 报表页眉打印在报表每页的开头，报表页脚打印在报表每页的末尾

D. 报表页眉打印在报表第一页的开头，报表页脚打印在报表最后一页的末尾

（29）以下关于报表的描述，正确的是（　　）。

A. 在报表中可以进行排序但不能进行分组

B. 子报表只能通过报表向导创建

C. 交叉表报表是由交叉表报表向导创建的

D. 交叉表报表的数据源应该是交叉表查询

（30）数据访问页在数据库中保存的形式是（　　）。

A. 数据表
B. 报表
C. 快捷方式
D. Web 页

（31）以下（　　）控件是数据访问页特有的控件。

A. 导航按钮
B. 命令按钮
C. 选项组
D. 文本框

（32）用来查看报表页面数据输出形态的视图是（　　）。

A. 设计视图
B. 打印预览视图

C. 打印预览视图
D. 版面预览视图

（33）使用（　　）创建报表时会提示用户输入相关的数据源、字段和报表版面格式等信息。

A. 自动报表
B. 报表向导
C. 图标向导
D. 标签向导

（34）用 DoCmd 对象的 OpenReport 方法打开"教师信息"报表的语句格式为（　　）。

A. DoCmd OpenReport"教师信息"
B. DoCmd. OpenReport"教师信息"

C. DoCmd OpenReport 教师信息
D. DoCmd. OpenReport 教师信息

2. 填空题

（1）在_____或_____添加计算字段是对某些字段的一组记录或所有记录进行求和或求平均统计计算的。

（2）在报表设计中，可以通过添加_____控件来控制另起一页输出显示。

（3）查看所生成的数据访问页的样式的一种视图方式是_____，用于查看报表的版面设置是指_____。

（4）报表输出不可缺少的内容是_____，要实现报表按某字段分组统计输出，需要设

置_____。

（5）一张完整的报表一般包括_____、_____、_____、_____、_____、_____和_____。不过，通常可以根据需要省略其中一些部分。在报表向导中设置字段排序时，限制最多一次设置的字段是_____。

（6）利用_____不仅可以创建计算字段，而且还可以对记录进行分组以便计算出各组数据的汇总结果等。

（7）在设计视图中预览报表的方法：在设计视图中，单击工具栏中的_____按钮。

（8）报表中的记录是按照自然顺序，即数据输入的_____顺序来排列显示的。

（9）在_____或_____添加计算字段对某些字段的一组记录或所有记录进行求和或求平均统计计算时，这种形式的统计计算一般是对报表字段列的纵向记录数据进行统计，而且要使用 Access 提供的_____来完成相应计算操作。

（10）除可以使用自动报表和向导功能创建报表外，Access 中还可以使用_____创建一个新报表。

（11）在 Access 中，自动创建报表向导分为纵栏式和_____两种。

（12）子报表在链接到主报表之前，应当确保已经正确地建立了_____。

（13）报表通过_____可以实现同组数据的汇总和显示输出。

（14）纵栏式报表也称为_____。

（15）目前比较流行的报表有表格报表、图表报表和_____。

（16）报表页眉的内容只在报表的_____打印输出。

（17）在 Access 中，报表设计时分页符以_____标志显示在报表的左边界上。

3. 思考题

（1）有哪些常用的报表类型？它们各有什么特点？

（2）报表由哪几部分组成？每部分的作用是什么？

（3）创建报表的方式有几种？它们各有什么特点？

第7章 宏

1. 单选题

（1）某窗口中有一按钮，在窗体视图中单击此按钮，运行另一个应用程序。如果通过调用宏对象完成此功能，则需要执行的宏操作是（   ）。

A. RunApp
B. RunCode
C. RunMacro
D. RunSQL

（2）为窗体或报表上的控件设置属性值的宏操作是（   ）。

A. Beep
B. Echo
C. MsgBox
D. SetValue

（3）要限制宏操作的操作范围，可以在创建宏时定义（   ）。

A. 宏操作对象
B. 宏条件表达式
C. 窗体或报表控件属性
D. 宏操作目标

（4）在宏的条件表达式中，要引用"rptT"报表上名为"txtName"控件的值，可以使用的引用表达式是（   ）。

A. Reports！rptT！txtName
B. Report！txtName
C. rptT！txtName
D. txtName

（5）在 Access 中，自动启动宏的名称是（   ）。

A. autoexec
B. auto
C. auto. bat
D. autoexec. bat

（6）用于从其他数据导入和导出数据的宏命令是（   ）。

A. TransferDatabase
B. TransferText
C. Restore
D. SetWarnings

（7）用于指定当前记录的宏命令是（   ）。

A. Requery
B. FindRecord
C. GoToControl
D. GoToRecord

（8）要在宏的执行过程中暂停宏的执行，按＿＿＿＿组合键。

A. 〈Alt+Ctrl+Delete〉
B. 〈Ctrl+Delete〉
C. 〈Alt+Ctrl+Breakspace〉
D. 〈Ctrl+Breakspace〉

（9）要运行宏的窗体上的"国家"字段值是 UK，且在"销售总数"窗体内的"订货总数"字段值大于 100 的宏的表达式为（   ）。

A. ［国家］="UK"And Forms. ［销售总数］. ［订货总数］>100

B. ［国家］="UK"And Forms！［销售总数］. ［订货总数］>100

C. ［国家］=UK And Forms！［销售总数］！［订货总数］>100

D. ［国家］="UK" And Forms！［销售总数］！［订货总数］>100

（10）用于查找满足指定条件的第一条记录的宏命令是（   ）。

A. Requery
B. FindRecord
C. FindNext
D. GoToRecord

（11）有关宏操作，以下描述错误的是（   ）。

A. 宏的条件表达式中不能引用窗体或报表的控件值

B. 所有宏操作都可以转化为相应的模块代码

C. 使用宏操作可以启动其他应用程序

D. 可以利用宏组来管理相关的一系列宏

（12）下列关于宏的描述，错误的是（　　　）。

A. 宏是一个对象，主要功能是使操作自动进行

B. 宏是由一个或多个操作组成的集合，其中的每个操作能够自行地实现特定的功能

C. 宏可以是包含操作序列的一个宏，也可以是一个宏组

D. 一个宏中的各个操作命令，运行时都会执行，不会只是执行其中的部分操作

（13）下列宏操作的参数不能使用表达式的是（　　　）。

A. GoToRecord　　　　　B. MsgBox　　　　　C. OpenTable　　　　　D. Maximize

（14）要在 VBA 中运行宏组 Forms Switchboard Buttons 中的宏 Categories，运行代码为（　　　）。

A. RunMacro "Forms Switchboard Buttons. Categories"

B. DoCmd. RunMacro "Forms Switchboard Buttons. Categories"

C. DoCmd. RunMacro　Forms Switchboard Buttons. Categories

D. RunMacro Forms Switchboard Buttons. Categories

（15）在宏的表达式中，要引用"rptT"报表上名为"HiddenPageBreak"控件的 Visible 属性，可以使用的表达式是（　　　）。

A. rptT. HiddenPageBreak. Visible　　　　　B. Reports. rptT. HiddenPageBreak. Visible

C. rptT！HiddenPageBreak. Visible　　　　　D. Reports！rptT！HiddenPageBreak. Visible

（16）下列关于宏操作的描述，错误的是（　　　）。

A. Access 中的宏操作，都可以在模块对象中通过编写 VBA 语句来达到相同的功能

B. 在宏组的操作中，可以通过使用条件来控制宏的操作流程

C. 用 StopMacro 操作可停止当前正在运行的宏

D. 宏的条件表达式中不能引用窗体或报表的控件值

（17）在一个宏的操作序列中，如果既包含带条件的操作，又包含无条件的操作，则带条件的操作是否执行取决于条件式的真假，而无条件的操作则会（　　　）。

A. 无条件执行　　　　B. 有条件执行　　　　C. 不执行　　　　　D. 出错

（18）使用宏组的目的是（　　　）。

A. 设计出功能复杂的宏　　　　　　　　B. 设计出包含大量操作的宏

C. 减少程序内存消耗　　　　　　　　　D. 对多个宏进行组织和管理

（19）在宏的调试中，可配合使用设计器上的工具按钮（　　　）。

A. "调试"　　　　　　B. "条件"　　　　　C. "单步"　　　　　D. "运行"

（20）在一个数据库中已经设置了自动宏 autoexec，如果在打开数据库的时候不想执行这个自动宏，则正确的操作是（　　　）。

A. 用〈Enter〉键打开数据库　　　　　B. 打开数据库时按〈Alt〉键

C. 打开数据库时按〈Ctrl〉键　　　　　D. 打开数据库时按〈Shift〉键

（21）假设某数据库已建有宏对象"宏1"，"宏1"中只有一个宏操作 SetValue，其中第一个参数项目为"［Label0］.［Caption］"，第二个参数表达式为"［Text0］"。窗体"fmTest"中有一个标签 Label0 和一个文本框 Text0，现设置控件 Text0 的"更新后"事件为运行"宏1"，则结果是（　　　）。

A. 将文本框清空

B. 将标签清空

C. 将文本框中的内容复制给标签的标题，使两者显示相同内容

D. 将标签的标题复制到文本框，使两者显示相同内容

（22）不能使用宏的数据库对象是（　　　）。

A. 数据表　　　　　　B. 窗体　　　　　　C. 宏　　　　　　D. 报表

（23）宏操作 Quit 的功能是（　　　）。

A. 关闭表　　　　　　B. 退出宏　　　　　　C. 退出查询　　　　　　D. 退出 Access

（24）下列叙述中，错误的是（　　　）。

A. 宏能够一次完成多个操作　　　　　　B. 可以将多个宏组成一个宏组

C. 可以用编程的方法来实现宏　　　　　　D. 宏命令一般由动作名和操作参数组成

（25）宏操作不能处理的是（　　　）。

A. 打开报表　　　　　　　　　　　B. 对错误进行处理

C. 显示提示信息　　　　　　　　　　D. 打开和关闭窗体

（26）有关宏的基本概念，以下描述错误的是（　　　）。

A. 宏是由一个或多个操作组成的集合

B. 宏可以是包含操作序列的一个宏

C. 可以为宏定义各种类型的操作

D. 由多个操作构成的宏，可以没有次序地自动执行一连串的操作

（27）定义（　　　）有利于数据库中宏对象的管理。

A. 宏　　　　　　B. 宏组　　　　　　C. 宏操作　　　　　　D. 宏定义

（28）用于关闭或打开系统消息的宏命令是（　　　）。

A. Close　　　　　　B. Open　　　　　　C. Restore　　　　　　D. SetWarnings

（29）用于使计算机发出"嘟嘟"声的宏命令是（　　　）。

A. Echo　　　　　　B. MsgBox　　　　　　C. Beep　　　　　　D. Restore

（30）使用以下方法来引用宏（　　　）。

A. 宏名．宏组名　　　　　　　　　　B. 宏．宏名

C. 宏组名．宏名　　　　　　　　　　D. 宏组名．宏

（31）引用窗体控件的值，可以用的宏表达式是（　　　）。

A. Forms！控件名！窗体名　　　　　　B. Forms！窗体名！控件名

C. Forms！控件名　　　　　　　　　D. Forms！窗体名

（32）某窗体中有一个命令按钮，在窗体视图中单击此命令按钮打开另一个窗体，需要执行的宏操作是（　　　）。

A. OpenQuery　　　B. OpenReport　　　C. OpenWindow　　　D. OpenForm

（33）用于执行指定的外部应用程序的宏命令是（　　　）。

A. RunApp　　　　　　B. RunForm　　　　　　C. RunValue　　　　　　D. RunSQL

2. 填空题

（1）宏是由一个_____或多个_____组成的集合，其中每个宏都实现特定的功能。

（2）使用_____可确定在某些情况下运行宏时，是否执行某个操作。

（3）由多个操作构成的宏，执行时的顺序按照执行的_____。

（4）宏中条件项是逻辑表达式，返回值只有两个：_____和_____。

（5）宏是 Access 的一个对象，其主要功能是_____。

（6）在宏中添加了某个操作之后，可以在宏设计器窗口的下部设置这个操作的_____。

（7）定义_____有利于数据库中宏对象的管理。

（8）在宏中加入_____，可以限制宏在满足一定的条件时才能完成某种操作。

（9）经常使用的宏运行方法：将宏赋予某一窗体或报表控件的_____，通过触发事件运行宏或宏组。

（10）实际上，所有宏操作都可以转换为相应的模块代码，它可以通过_____来完成。

（11）宏的使用一般是通过窗体、报表中的_____实现的。

（12）运行宏有两种选择：一种是依照宏命令的排列顺序连续执行宏操作，另一种是依照宏命令的_____排列顺序。

（13）宏组事实上是一个冠有_____的多个宏的集合。

（14）如果要建立一个宏，希望执行该宏后，首先打开一个表，然后打开一个窗体，那么在该宏中应该使用 OpenTable 和_____两个操作命令。

（15）在设计条件宏时，对于连续重复的条件，可以用符号_____来代替重复条件式。

（16）直接运行宏组时，只执行所包含的_____所有宏命令。

（17）如果要引用宏组中的宏，则采用的语法是_____。

（18）在宏的表达式中引用窗体控件的值可以用_____表达式。

（19）_____实际上是一系列操作的集合。

（20）打开宏设计器窗口后，默认的只有_____和_____两列，要添加"宏名"列应该单击工具栏上的_____按钮；要添加"条件"列应该单击工具栏上的_____按钮。

（21）VBA 的自运行宏，即在数据库打开时自动执行，必须命名为_____。如果在启动时不想运行该宏，则可以按_____键。

（22）打开一个表应该使用的宏操作是_____；打开一个查询应该使用的宏操作是_____；打开一个报表应该使用的宏操作是_____。

（23）宏不能独立执行，要与能够_____宏的_____关联，当触发时，才会执行这个_____。

（24）宏操作中_____操作的功能是显示消息信息。

（25）定义宏组将会更加便于数据库中宏对象的_____。

（26）建立了一个窗体，窗体中有一个命令按钮，单击此按钮，将打开一个查询，查询名称为"查询 1"，如果采用 VBA 代码完成，则应使用的语句是_____。

（27）用于执行指定 SQL 语句的宏操作是_____。

（28）在建立宏的过程中，可能会遇到各种原因使宏不能正常运行，或者不能完成预定的功能。在 Access 中，可以使用命令_____对宏进行测试。

（29）Access 的窗体或报表事件可以有两种方法来响应：宏对象和_____。

3. 思考题

（1）宏的类型有几种？宏有几种视图？

（2）宏的作用是什么？创建 AutoKeys 宏组的作用是什么？

（3）为窗体创建菜单栏，要分成哪几个大的过程？

第 8 章　VBA 编程基础

1. 单选题

（1）在 VBA 中，如果没有显式声明或用符号来定义变量的数据类型，则变量的默认数据类型为（　　）。

A. Boolean　　　　　　　B. Int　　　　　　　　C. String　　　　　　　D. Variant

（2）要将 Double 型数据 aaa 转换为 Currency 型数据 bbb，下列转换正确的是（　　）。

A. bbb = CBool(aaa)　　　　　　　　　　B. bbb = CDbl(aaa)

C. bbb = CStr(aaa)　　　　　　　　　　　D. bbb = CCur(aaa)

（3）给定日期 DD，可以计算该日期当月最大天数的正确表达式是（　　）。

A. Day(DD)

B. Day(DateSerial（Year(DD)，Month(DD)，Day(DD)））

C. Day(DateSerial（Year(DD)，Month(DD)，0）)

D. Day(DateSerial（Year(DD)，Month(DD) +1，0）)

（4）下列关于标准模块的描述，错误的是（　　）。

A. 通常安排一些公共变量或过程供类模块里的过程调用

B. 公共变量和公共过程具有全局特性

C. 内部可以定义私有变量和私有过程仅供本模块内部使用

D. 作用范围局限在窗体或报表内部，生命周期伴随着窗体或报表的打开而开始、关闭而结束

（5）要将数组的默认下标下限由 0 改为 1，则在模块的声明部分使用（　　）。

A. Option Base 1/0　　　　　　　　　　B. Option Explicit 1/0

C. Option Base 0/1　　　　　　　　　　D. Option Explicit 0/1

（6）VBA 中，可以从特定记录集里检索特定字段值的函数为（　　）。

A. Nz()　　　　　　　B. DLookup()　　　　　C. DCount()　　　　　D. DAvg()

（7）VBA 中用于关闭错误处理的语句是（　　）。

A. On Error GoTo ErrHandler　　　　　　B. On Error Rseume Next

C. On Error GoTo 标号　　　　　　　　　D. On Error GoTo 0

（8）在 VBA 代码调试过程中，能够显示出所有在当前过程中变量声明及变量值信息的是（　　）。

A. 快速监视窗口　　　　　　　　　　　　B. 监视窗口

C. 立即窗口　　　　　　　　　　　　　　D. 本地窗口

（9）下列对键盘事件"键按下"的描述正确的是（　　）。

A. 在控件或窗体具有焦点时，在键盘上按任何键所发生的事件

B. 在控件或窗体具有焦点时，释放一个被按下的键所发生的事件

C. 在控件或窗体具有焦点时，当按下并释放一个键或键组合时发生的事件

D. 在控件或窗体具有焦点时，当按下或释放一个键或键组合时发生的事件

（10）在有参函数设计时，要在调用过程内部对形参的任何操作引起的形参值的变化均不会反馈、影响实参的值，其设置选项应为（　　　）。

A. ByRef　　　　　　　　B. ByVal　　　　　　　C. Optional　　　　　　　D. ParamArray

（11）VBA 中，以对话框的形式打开名为"StudentForm"窗体的格式为（　　　）。

A. DoCmd. OPenForm "StudentForm"，acDialog

B. DoCmd. OPenForm "StudentForm"，acWindowNormal

C. DoCmd. OPenForm "StudentForm"，adWindowNormal

D. DoCmd. OPenForm "StudentForm"，adDialog

（12）已知字符串 Str $ ()的定义语句为 Dim Str $ （1 To 30），下列循环语句能实现将 A～Z 的大写字母赋予字符串 Str $ ()的是（　　　）。

A. For i = 1 To 26

　　　Str $ （i） = Chr $ （i+65）

　　　Next i

B. For i = 1 To 25

　　　Str $ （i） = Chr $ （i+64）

　　　Next i

C. For i = 0 To 25

　　　Str $ （i） = Chr $ （i+64）

　　　Next i

D. For i = 0 To 25

　　　Str $ （i） = Chr $ （i+65）

　　　Next i

（13）用于获得字符串 Str 从第 2 个字符开始的 3 个字符的函数是（　　　）。

A. Mid(Str，2，3)　　　　　　　　　　　B. Middle(Str，2，3)

C. Right(Str，2，3)　　　　　　　　　　D. Left(Str，2，3)

（14）假定有以下循环结构：

```
Do  Until  条件
循环体
Loop
```

则下列描述正确的是（　　　）。

A. 如果"条件"值为 0，则一次循环体也不执行

B. 如果"条件"值为 0，则至少执行一次循环体

C. 如果"条件"值不为 0，则至少执行一次循环体

D. 无论"条件"是否为"真"，至少要执行一次循环体

（15）现有一个已经建好的窗体，窗体中有一命令按钮，单击此按钮，将打开"tEmplyee"表，如果采用 VBA 代码完成，则下列语句正确的是（　　　）。

A. Docmd. OpenForm "tEmplyee"　　　　　　B. Docmd. OpenView "tEmplyee"

C. Docmd. OpenTable "tEmplyee"　　　　　　D. Docmd. OpenReport "tEmplyee"

(16) Sub 过程与 Function 过程最根本的区别是（　　）。

A. Sub 过程的过程名不能返回值，而 Function 过程能通过过程名返回值

B. Sub 过程可以使用 Call 语句或直接使用过程名调用，而 Function 过程不可以

C. 两种过程参数的传递方式不同

D. Function 过程可以有参数，Sub 过程不可以

(17) 有如下语句：

```
s = Int(100*Rnd)
```

执行完毕，s 的值是（　　）。

A.［0，99］的随机整数　　　　　　　　B.［0，100］的随机整数

C.［1，99］的随机整数　　　　　　　　D.［1，100］的随机整数

(18) 使用 Function 语句定义一个函数过程，其返回值的类型（　　）。

A. 只能是符号常量　　　　　　　　　　B. 是除数组之外的简单数据类型

C. 可在调用时由运行过程决定　　　　　D. 由函数定义时 As 子句声明

(19) 在过程定义中有以下语句：

```
Private Sub GetData(ByRef f As Integer)
```

其中"ByRef"的含义是（　　）。

A. 传值调用　　　　　　　　　　　　　B. 传址调用

C. 形式参数　　　　　　　　　　　　　D. 实际参数

(20) 语句 Dim NewArray（10）As Integer 的含义是（　　）。

A. 定义了一个整型变量且初值为 10　　　B. 定义了由 10 个整数构成的数组

C. 定义了由 11 个整数构成的数组　　　　D. 将数组的第 10 个元素设置为整型

(21) 若在子过程 Procl 调用后返回两个变量的结果，则下列过程定义语句中有效的是（　　）。

A. Sub Procl(n, m)　　　　　　　　　B. Sub Procl(ByVal n, m)

C. Sub Procl(n, ByVal m)　　　　　　D. Sub Procl(ByVal n, ByVal m)

(22) 要想在过程 Proc 调用后返回形参 x 和 y 的变化结果，下列过程定义语句中正确的是（　　）。

A. Sub Proc(x As Integer, y As Integer)

B. Sub Proc(ByVal x As Integer, y As Integer)

C. Sub Proc(x As Integer, ByVal y As Integer)

D. Sub Proc(ByVal x As Integer, ByVal y As Integer)

(23) 设有如下过程：

```
x = 1
Do
x=x+2
Loop Until_____
```

运行程序，要求循环体执行 3 次后结束循环，空白处应填入的语句是（　　）。

A. x<=7　　　　　　B. x<7　　　　　　C. x>=7　　　　　　D. x>7

（24）下列数组声明语句中，正确的是（　　）。

A. Dim A［3，4］As Integer

B. Dim A（3，4）As Integer

C. Dim A［3；4］As Integer

D. Dim A（3；4）As Integer

（25）如果 x 是一个正的实数，则保留两位小数、将千分位四舍五入的表达式是（　　）。

A. 0.01 * Int（x+0.05）

B. 0.01 * Int（100 *（x+0.005））

C. 0.01 * Int（x+0.005）

D. 0.01 * Int（100 *（x+0.05））

（26）如果在文本框内输入数据后，按〈Enter〉键或〈Tab〉键，输入焦点可立即移至下一指定文本框，则应设置（　　）。

A. "制表位" 属性

B. "Tab 键索引" 属性

C. "自动 Tab 键" 属性

D. "Enter 键行为" 属性

（27）下列表达式的计算结果为日期数据类型的是（　　）。

A. #2012-1-23# − #2011-2-3#

B. Year(#2011-2-3#)

C. DateValue("2011-2-3")

D. Len("2011-2-3")

（28）运行下列程序段，结果是＿＿＿＿＿＿。

```
For m=10 To 1 Step 0
  k=k+3
Next m
```

A. 形成死循环

B. 循环体不执行，即结束循环

C. 出现语法错误

D. 循环体执行一次后结束循环

（29）可以用 InputBox( )函数产生 "输入对话框"。执行以下语句：

```
st = InputBox("请输入字符串","字符串对话框","aaaa")
```

当用户输入字符串 "bbbb"，单击 "OK" 按钮后，变量 st 的内容是（　　）。

A. aaaa

B. 请输入字符串

C. 字符串对话框

D. bbbb

（30）下列关于 VBA 事件的描述中，正确的是（　　）。

A. 触发相同的事件可以执行不同的事件过程

B. 每个对象的事件都是不相同的

C. 事件都是由用户操作触发的

D. 事件可以由程序员定义

（31）利用 ADO 访问数据库的步骤：

①定义和创建 ADO 实例变量；

②设置连接参数并打开连接；

③设置命令参数并执行命令；

④设置查询参数并打开记录集；

⑤操作记录集；

⑥关闭、回收有关对象。

这些步骤的执行顺序应该是（　　）。

A. ①④③②⑤⑥

B. ①③④②⑤⑥

C. ①③④⑤②⑥

D. ①②③④⑤⑥

（32）下列描述中，正确的是（　　　）。

A．Sub 过程无返回值，不能定义返回值类型

B．Sub 过程有返回值，返回值类型只能是符号常量

C．Sub 过程有返回值，返回值类型可在调用过程时动态决定

D．Sub 过程有返回值，返回值类型可由定义时的 As 子句声明

2. 填空题

（1）窗体模块和报表模块都属于_____。

（2）VBA 语句中，函数 InputBox( ) 的功能是_____。

（3）在 VBA 中字符串的类型标识符是_____，整型的类型标识符是_____，日期/时间型的类型标识符是_____。

（4）在函数中每个形参必须有_____。

（5）Select Case 结构运行时，首先计算_____的值。

（6）VBA 的错误处理主要使用语句结构_____。

（7）VBE 的代码窗口顶部包含两个组合框，左侧为对象列表，右侧为_____。

（8）VBA 中打开查询的命令语句是_____。

（9）VBA 中变量作用域分为 3 个层次，这 3 个层次是局部变量、模块变量和_____。

（10）VBA 的全称是_____。

（11）变量的作用域就是变量在程序的_____。

（12）数据是一组有序的_____的集合。

（13）内部函数是 VBA 系统为用户提供的_____，用户可直接引用。

（14）VBA 标识符必须由_____开头，后面可跟字母、汉字和下划线。

（15）分支结构是在程序执行时，根据_____，选择执行不同的程序语句。

（16）如果某些语句或程序需要重复操作，那么使用_____是最好的选择。

（17）模块包含了一个声明区域和一个或多个_____。

（18）VBA 中打开报表的命令语句是_____。

3. 思考题

（1）什么是模块？它有什么作用？

（2）设计一个"用户登录"窗体，输入用户名和密码，如果用户名或密码为空，则给出提示，重新输入；如果用户名（abc）或密码（123）不正确，则给出错误信息，结束程序运行；如果用户名和密码正确，则显示"欢迎"。

第 9 章　综合练习

1. 单选题

（1）下列选项描述错误的是（　　　）。

A. 如果文本字段中已经有数据，那么减小字段大小不会丢失数据

B. 如果数字字段中包含小数，那么将字段大小设置为整数时，Access 自动将小数取整

C. 为字段设置默认属性时，必须与字段所设的数据类型相匹配

D. 可以使用 Access 的表达式来定义默认值

（2）下列控件不是 ActiveX 控件的是（　　　）。

A. 日历控件　　　　　　　　　　　　B. 选项卡控件

C. TreeView 控件　　　　　　　　　　D. 表头控件

（3）下列关于分组的数据库访问页，描述错误的是（　　　）。

A. 数据库数据绑定的页连接到了数据库，因此这些页显示当前数据

B. 访问页是交互式的，用户可以筛选、排序并查看他们所需的数据

C. 访问页可以通过使用电子邮件进行电子分发

D. 在页上查看、添加、编辑或删除分组的数据

（4）下列关于附件数据类型的描述，正确的是（　　　）。

A. 在 Access 中默认字段大小为 50 个字符

B. Access 可以对附件型字段进行排序或索引

C. 附件型是字符和数字相结合，允许存储的内容最多可达 25 000 个字符

D. 附件型是字符和数字相结合，允许存储的内容最多可达 64 000 个字符

（5）下列关于 OLE 对象的描述，错误的是（　　　）。

A. OLE 对象数据类型指字段允许单独地"链接"或"嵌入"OLE 对象

B. 可以链接或嵌入 Access 的 OLE 对象是指在其他使用 OLE 协议程序中创建的对象

C. 用户在窗体或报表中必须使用"结合对象框"来显示 OLE 对象

D. OLE 对象字段最大可为 2 GB，它受磁盘空间限制

（6）下列关于实体描述的说明，错误的是（　　　）。

A. 客观存在并且相互区别的事物称为实体，因此实际的事物都是实体，而抽象的事物不能作为实体

B. 描述实体的特性称为属性

C. 属性值的集合表示一个实体

D. 在 Access 中，使用"表"来存放同一类的实体

（7）确定一个控件在窗体或报表上的位置的属性是（　　　）。

A. Width 或 Height　　　　　　　　　B. Width 和 Height

C. Top 或 Left　　　　　　　　　　　D. Top 和 Left

（8）下面关于 Access 表的描述，错误的是（　　）。

A. 在 Access 表中，可以对附件型字段进行"格式"属性设置

B. 删除表中含有自动编号型字段的一条记录后，Access 不会对表中自动编号型字段重新编号

C. 创建表之间的关系时，应关闭所有打开的表

D. 可在 Access 表的设计视图"说明"列中，对字段进行具体的说明

（9）在以下描述中，正确的是（　　）。

A. Access 只能使用系统菜单创建数据库应用系统

B. Access 不具备程序设计能力

C. Access 只具备了模块化程序设计能力

D. Access 具有面向对象的程序设计能力，并能创建复杂的数据库应用系统

（10）数据类型是（　　）。

A. 字段的另一种说法

B. 决定字段能包含哪类数据的设置

C. 一类数据库应用程序

D. 一类用来描述 Access 表向导允许从中选择的字段名称

（11）以下是宏 m 的操作序列设计：

条件操作序列操作参数

　　　　　　　MsgBox　　　消息为"AA"

[tt] >1　MsgBox　　　消息为"BB"

…　　　　　MsgBox　　　消息为"CC"

现设置宏 m 为窗体"fTest"上名为"bTest"命令按钮的单击事件属性，打开窗体"fTest"运行后，在窗体上名为"tt"的文本框内输入"1"，然后单击命令按钮 bTest，则（　　）。

A. 屏幕上会先后弹出 3 个消息框，显示消息"AA""BB""CC"

B. 屏幕上会弹出一个消息框，显示消息"AA"

C. 屏幕上会先后弹出两个消息框，显示消息"AA""BB"

D. 屏幕上会先后弹出两个消息框，显示消息"AA""CC"

（12）下面关于列表框和组合框的描述，正确的是（　　）。

A. 列表框和组合框可以包含一列或几列数据

B. 可以在列表框中输入新值，而组合框不能

C. 可以在组合框中输入新值，而列表框不能

D. 在列表框和组合框中均可以输入新值

（13）在窗体中添加一个命令按钮（名称为 Command1），然后编写如下代码：

```
Private Sub Command1_Click()
    a=0: b=5: c=6
    MsgBox a=b+c
End Sub
```

窗体打开运行后，如果单击命令按钮，则消息框的输出结果为（　　）。

A. 11　　　　　　　　　　　　　　B. a=11

C. 0　　　　　　　　　　　　　　D. False

（14）Access 数据库具有很多特点，下列描述中，不是 Access 具有的特点的是（   ）。

A. Access 数据库可以保存多种数据类型，包括多媒体数据

B. Access 可以通过编写应用程序来操作数据库中的数据

C. Access 可以支持 Internet/Intranet 应用

D. Access 作为网状数据库模型支持客户机/服务器应用系统

（15）在下列数据库管理系统中，不属于关系型的是（   ）。

A. Micorsoft Access   B. SQL Server

C. Oracle 数据库   D. DBTG 系统

（16）如下程序段定义了学生成绩的记录类型，由学号、姓名和 3 门课程成绩（百分制）组成。

```
Type Stud
no As Integer
name As String
score(1 to 3) As Single
End Type
```

若对某名学生的各数据项进行赋值，则下列程序段中正确的是（   ）。

A.

```
Dim S As Stud
Stud. no=1001
Stud. name="舒宜"
Stud. score=78,88,96
```

B.

```
Dim S As Stud
S. no=1001
S. name="舒宜"
S. score=78,88,96
```

C.

```
Dim S As Stud
Stud. no=1001
Stud. name="舒宜"
Stud. score(1)=78
Stud. score(2)=88
Stud. score(3)=96
```

D.

```
Dim S As Stud
S. no=1001
S. name="舒宜"
S. score(1)=78
S. score(2)=88
S. score(3)=96
```

（17）下列描述中正确的是（　　　）。

A. 为了建立一个关系，首先要构造数据的逻辑关系

B. 表示关系的二维表中各元组的每一个分量还可以分成若干数据项

C. 一个关系的属性名表称为关系模式

D. 一个关系可以包括多个二维表

（18）宏操作 SetValue 可以设置（　　　）。

A. 窗体或报表控件的属性

B. 刷新控件数据

C. 字段的值

D. 当前系统的时间

（19）在下列关于宏和模块的描述中，正确的是（　　　）。

A. 模块是能够被程序调用的函数

B. 通过定义宏可以选择或更新数据

C. 宏或模块都不能是窗体或报表上的事件代码

D. 宏可以是独立的数据库对象，可以提供独立的操作动作

（20）假设有一组数据：工资为 800 元，职称为"讲师"，性别为"男"，在下列逻辑表达式中结果为"假"的是（　　　）。

A. 工资>800 And 职称="助教" Or 职称="讲师"

B. 性别="女" Or Not 职称="助教"

C. 工资=800 And（职称="讲师" Or 性别="女"）

D. 工资>800 And（职称="讲师" Or 性别="男"）

（21）在窗体上有一个命令按钮（名称为 run34），对应的事件代码如下：

```
Private Sub run34_Click()
sum = 0
        For i = 10 To 1 Step - 2
sum = sum + i
        Next i
MsgBox   sum
     End Sub
```

运行以上代码，程序的输出结果是（　　　）。

A. 10   B. 30

C. 55   D. 其他结果

（22）Access 数据库的结构层次是（　　　）。

A. 数据库管理系统→应用程序→表

B. 数据库→数据表→记录→字段

C. 数据表→记录→数据项→数据

D. 数据表→记录→字段

（23）引入类、对象等概念的数据库是（　　　）。

A. 分布式数据库   B. 面向对象数据库

C. 多媒体数据库   D. 数据仓库

（24）在窗体中有一个命令按钮（名称为 Command1），编写事件代码如下：

```
Private Sub Command1_Click()
End Sub
Public Function P(N As Integer)
    Dim Sum As Integer
    Sum=0
    For i=1 To N
      Dim s As Integer
    s=p(1)+p(2)+p(3)+p(4)
debug. print s
      Sum =Sum+i
    Next i
    P=Sum
End Function
```

打开窗体运行后，单击命令按钮，输出结果是（　　）。

A. 15　　　　　　　　B. 20　　　　　　　　C. 25　　　　　　　　D. 35

（25）根据关系模型 Students（学号，姓名，性别，专业），下列 SQL 语句中有错误的是（　　）。

A. SELECT ＊ FROM Students WHERE 专业＝"计算机"

B. SELECT ＊ FROM Students WHERE 1 <> 1

C. SELECT ＊ FROM Students WHERE 　姓名"＝李明

D. SELECT ＊ FROM Students WHERE 专业＝"计算机" &"科学"

（26）下列关于关系数据库中数据表的描述，正确的是（　　）。

A. 数据表相互之间存在联系，但用独立的文件名保存

B. 数据表相互之间存在联系，是用表名表示相互间的联系

C. 数据表相互之间不存在联系，完全独立

D. 数据表既相对独立，又相互联系

（27）下列程序段的功能是实现"学生"表中"年龄"字段值加 1：

```
Dim Str As String
Str="_____"
Docmd. RunSQL Str
```

空白处应填入的程序代码是（　　）。

A. 年龄＝年龄+1　　　　　　　　　　B. Update 学生 Set 年龄＝年龄+1

C. Set 年龄＝年龄+1　　　　　　　　　D. Edit 学生 Set 年龄＝年龄+1

（28）下列表达式计算结果为数值型的是（　　）。

A. #5/5/2010#-#5/1/2010#　　　　　　B. "102" >"11"

C. 102＝98+4　　　　　　　　　　　　D. #5/1/2010#+5

（29）如果要从列表中选择所需的值，而不想浏览数据表或窗体中的所有记录，或者要一次指定多个条件，即筛选条件，则可使用（　　）方法。

A. 按选定内容筛选　　　　　　　　B. 内容排除筛选

C. 按窗体筛选　　　　　　　　　　D. 高级筛选/排序

2. 填空题

（1）数据库系统的核心是_____。

（2）在关系模型中，把数据看成二维表，每一个二维表称为一个_____。

（3）在向数据表中输入数据时，若要求所输入的字符必须是字母，则应该设置的输入掩码是_____。

（4）VBA 的自运行宏必须命名为_____。

习题参考答案

第1章　数据库系统概述

1. 单选题

(1) A　　(2) C　　(3) C　　(4) C　　(5) A　　(6) A

(7) B　　(8) D　　(9) B　　(10) A　　(11) B　　(12) D

(13) C　　(14) B　　(15) B　　(16) C　　(17) D　　(18) B

(19) A　　(20) B　　(21) A　　(22) B　　(23) B　　(24) D

(25) A　　(26) B　　(27) A　　(28) C　　(29) D　　(30) D

2. 填空题

(1) 记录　载体

(2) 数据

(3) 形式

(4) 数据库阶段

(5) 数据集合

(6) 网状模型　关系模型　面向对象模型

(7) 数据描述语言（DDL）　数据操纵语言（DML）　数据库管理例行程序

(8) 硬件支持系统　软件支持系统　数据库　管理人员

(9) 外模式　模式　内模式

(10) 现实世界　信息世界　计算机世界

(11) 数据库管理系统

(12) 实体集

(13) 实体-联系模型（E-R模型）

(14) 实体完整性

(15) 关系规范化

(16) 建立一个新的关系

(17) 外键

(18) 关系模型

(19) 数据库管理系统

(20) 关系

(21) 关系

(22) 记录

（23）元组

（24）关系

（25）表 记录 字段

（26）相同的字段

（27）联接 投影 选择

3. 思考题

（1）答：信息是客观事物属性的反映，是经过加工处理并对人类客观行为产生影响的数据表现形式；数据则是反映客观事物属性的记录，是信息的具体表现形式。任何事物的属性都是通过数据来表示的，数据经过加工处理后成为信息，而信息必须通过数据才能传播。

（2）答：数据管理技术有以下 3 个发展阶段：

①人工管理阶段（20 世纪 50 年代中期以前），数据无独立性；

②文件系统阶段（20 世纪 50 年代后期到 60 年代中期），以文件为单位的数据共享，程序和数据有一定的独立性；

③数据库阶段（20 世纪 60 年代末），数据库管理系统对全部数据实施统一的、集中的操作，实现了数据独立性，可共享、冗余度小。

（3）答：数据库管理系统是一种操纵和管理数据库的大型软件，用于建立、使用和维护数据库，简称 DBMS。它对数据库进行统一的管理和控制，以保证数据库的安全性和完整性。

第 2 章 创建与管理数据库

1. 单选题

（1）B （2）D （3）A （4）D （5）C （6）A （7）C （8）A
（9）B （10）D （11）D （12）D （13）B （14）D （15）A （16）D
（17）C （18）C （19）A （20）A （21）D

2. 填空题

（1）"文件"

（2）.accdb

（3）不含任何数据库对象

（4）表

（5）窗体

（6）独占

3. 思考题

（1）答：启动 Access 2016 常用的方法有以下 3 种：

①在 Windows 桌面中单击"开始"按钮，然后选择"所有程序"→"Microsoft Office"→"MicrosoftAccess 2016"菜单命令；

②先在 Windows 桌面上建立 Access 2016 的快捷方式，然后双击 Access 2016 快捷方式图标；

③双击要打开的数据库文件。

退出 Access 2016 的方法主要有以下 4 种：

①在 Access 2016 窗口中，选择"文件"→"退出"菜单命令；

②单击 Access 2016 窗口右上角的"关闭"按钮；

③双击 Access 2016 窗口左上角的控制菜单图标，或者单击控制菜单图标，从打开的菜单中选择"关闭"命令，或者按组合键〈Alt+F4〉。

④右击 Access 2016 窗口标题栏，在打开的快捷菜单中，选择"关闭"命令。

（2）答：导航窗格取代了早期 Access 版本中所使用的数据库窗口，在打开数据库或创建新数据库时，数据库对象的名称将显示在导航窗格中，包括表、查询、窗体、报表等。在导航窗格中可实现对各种数据库对象的操作。

（3）答：Access 2016 提供了两种创建数据库的方法：一种是先创建一个空数据库，然后向其中添加表、查询、窗体和报表等对象；另一种是利用系统提供的模板来创建数据库，用户只需要进行一些简单的选择操作，就可以为数据库创建相应的表、窗体、查询和报表等对象，从而创建一个完整的数据库。

第 3 章　创建数据表和关系

1. 单选题

（1）B	（2）B	（3）A	（4）D	（5）D
（6）D	（7）A	（8）A	（9）B	（10）B
（11）C	（12）C	（13）C	（14）B	（15）C
（16）C	（17）D	（18）D	（19）D	（20）C
（21）B	（22）D	（23）A	（24）A	（25）C
（26）A	（27）B	（28）D	（29）A	

2. 填空题

（1）表的结构　表的记录（或表的内容）

（2）货币型

（3）字段名称

（4）000000000

（5）数据类型

（6）设计视图　数据表视图

（7）冻结　隐藏

（8）119、125、141、85、98

3. 思考题

（1）答：在创建表时，往往先要创建表的结构，再往表中添加数据。在 Access 2016 中，创建表的结构有以下 3 种方法：

①使用设计视图创建表结构，这是最常用的方法，对于较为复杂的表，通常都是在设计视图中创建的；

②在数据表视图中直接在字段名处输入字段名，这种方法比较简单，但无法对每一字段的数据类型、属性值进行设置，一般还需要在设计视图中进行修改；

③利用表向导创建表结构，这种方法可以提高创建表的效率，但有时不能满足要求，所以需要在设计视图中作进一步修改。

（2）答：Access 数据表有两种视图，即设计视图和数据表视图。要修改表的结构，必须切换到表的设计视图，只有在设计视图中才能修改表的字段名、数据类型等，而数据表视图用于编辑表的数据。

（3）答：排序的作用是对表的记录按所需字段值的顺序显示；筛选的作用是挑选表中的记录；如果要取消筛选效果，恢复被隐藏的记录，只需在"排序和筛选"组中单击"切换筛选"按钮。

第4章 查询

1. 单选题

（1）B　（2）B　（3）D　（4）A　（5）D
（6）C　（7）D　（8）C　（9）D　（10）B
（11）A　（12）C　（13）B　（14）D　（15）C
（16）C　（17）A　（18）D　（19）C　（20）A
（21）B　（22）C　（23）C　（24）D　（25）B
（26）A　（27）C　（28）C　（29）C

2. 填空题

（1）二维表
（2）更新查询
（3）SQL 视图
（4）参数查询　操作查询
（5）找出职员表中姓李的职员的名字和年龄
（6）设计网络区
（7）Group By
（8）Like "5 * "
（9）参数查询
（10）Year([雇员]![出生日期])>1955
（11）列标题　行标题
（12）[成绩]Between 75 And 85 或　[成绩]>=75 And [成绩]<=85
（13）排序

3. 思考题

（1）答：选择查询是指从一个或多个表中获取满足条件的数据，并且按指定顺序显示数据，查询运行不会影响到数据源的数据；操作查询则可以对数据源数据进行添加、更新、删除等修改操作。

（2）答：Access 数据库中窗体有 3 种视图：设计视图、窗体视图和数据表视图。
①设计视图：与表、查询等的设计视图窗口的功能相同，用来创建和修改设计对象的窗口，但形式与表、查询等的设计视图差别很大。
②窗体视图：指能够同时输入、修改和查看完整的记录数据的窗口，可显示图片、其他 OIE 对象、命令按钮以及其他控件。
③数据表视图：以行列方式显示表、窗体或查询中的数据，可用于编辑字段、添加和删除数据以及查找数据。

（3）用 SQL 命令建立表格构的格式语句如下：

CREATE TABLE <表名>（<字段名> <字段的数据类型> [字段完整性约束条件]）

第 5 章　窗体

1. 单选题

（1）B　　（2）D　　（3）C　　（4）C　　（5）D

（6）B　　（7）A　　（8）C　　（9）C　　（10）D　　（11）C

（12）B　　（13）B　　（14）C　　（15）D　　（16）B　　（17）C

（18）B　　（19）D　　（20）B　　（21）D　　（22）D

（23）A　　（24）A　　（25）B

2. 填空题

（1）表达式

（2）纵栏式　表格式　数据表

（3）窗体页眉　主体　窗体页脚

（4）格式　数据　事件　其他

（5）〈Ctrl+A〉

（6）数据表

（7）节

（8）上方

（9）数据

（10）窗体视图　数据表视图

（11）查询设计视图

（12）一条

（13）命令

（14）子窗体

（15）子窗体

（16）关联

（17）容器　控件

（18）识别响应

（19）数据表窗体　关联

（20）组合框　列表框

3. 思考题

（1）答：按照窗体的功能来分，窗体可以分为数据窗体、切换面板窗体和自定义对话框 3 种类型。

数据窗体主要用来输入、显示和修改表或查询中的数据。

切换面板窗体一般是数据库的主控窗体，用来接受和执行用户的操作请求、打开其他的窗体或报表以及操作和控制程序的运行。

自定义对话框用于定义各种信息提示窗口，如警告、提示信息、要求用户回答等。

（2）答：Access 中的窗体共有 5 种视图：设计视图、窗体视图、数据表视图、数据透视表视图和数据透视图视图。

(3) 答：创建窗体有两种方式：利用窗体向导创建新窗体和利用窗体设计视图创建新窗体。一般可以先利用窗体向导创建新窗体，再用设计视图对窗体进行修改，这样创建的窗体既简单，又可以达到比较满意的效果。

第6章 报表

1. 单选题

(1) B   (2) D   (3) B   (4) A   (5) D

(6) A   (7) D   (8) A   (9) B   (10) C

(11) B   (12) A   (13) A   (14) D   (15) A

(16) C   (17) C   (18) D   (19) A   (20) B

(21) A   (22) B   (23) C   (24) B   (25) B

(26) A   (27) A   (28) D   (29) D   (30) C

(31) A   (32) B   (33) B   (34) B

2. 填空题

(1) 分组页脚 报表页脚

(2) 分页符

(3) 页面视图 预览

(4) 主体 分组

(5) 报表页眉 页面页眉 主体 页面页脚 报表页脚 分组页眉 分组页脚 4个

(6) 报表

(7) "打印预览"

(8) 先后

(9) 组页眉/组页脚 报表页眉/报表页脚内 内置统计函数

(10) 设计视图

(11) 表格式

(12) 表间关系

(13) 分组

(14) 窗体报表

(15) 标签报表

(16) 第一页顶部

(17) 短虚线

3. 思考题

(1) 答：常见的报表类型有表格报表、图表报表、标签报表。

①表格报表的特点是每行显示一条记录的所有字段，字段名显示在报表的顶端，可一次显示表或查询对象的所有字段和记录，一般用于浏览查询的数据结果。

②图表报表的特点是可以将数据表示成商业图表，利用图形对数据进行统计，可显示并打印出图表，可美化报表，使信息更直观，可用于显示或打印统计、对比的数据。

③标签报表的特点是可以将数据表示成邮件标签，用于打印大批量的邮件标签。

（2）答：报表通常由 5 个节构成，它们分别是报表页眉节、页面页眉节、主体节、页面页脚节和报表页脚节。

①报表页眉节：在一个报表中，报表页眉节只出现一次。利用它可显示徽标、报表标题或打印日期。报表页眉节打印在报表第一页页面页眉节的前面。

②页面页眉节：出现在报表每页的顶部，可利用它显示列标题。

③主体节：包含了报表数据的主体部分，也是报表的核心部分。对报表基础记录源的每条记录而言，该节重复出现。

④页面页脚节：在报表每页的底部出现，可利用它显示页号等项目。

⑤报表页脚节：只在报表结尾处出现一次。如果利用它显示报表合计等项目，则报表页脚节是报表设计中的最后一个重要环节，但它出现在打印报表最后一页的页面页脚之前。

（3）答：可以利用报表向导创建报表，也可以利用报表设计创建报表。

利用报表向导，可以很方便地完成简单报表的创建、子报表的创建以及图表子报表的创建。如果要在报表上实现图片与背景的设置、计算型文本框及其计算表达式的设计，则必须利用报表设计。

第 7 章　宏

1. 单选题

（1）A　　（2）D　　（3）B　　（4）A　　（5）A

（6）A　　（7）D　　（8）D　　（9）D　　（10）B

（11）A　　（12）D　　（13）A　　（14）B　　（15）D

（16）D　　（17）A　　（18）D　　（19）C　　（20）D

（21）C　　（22）A　　（23）D　　（24）C　　（25）B

（26）C　　（27）B　　（28）D　　（29）C　　（30）C

（31）B　　（32）D　　（33）A

2. 填空题

（1）操作　操作

（2）条件宏

（3）宏命令的排列顺序

（4）真　假

（5）使操作自动进行

（6）相关参数

（7）宏组

（8）条件表达式

（9）事件属性值

（10）另存为模块的方式

（11）命令按钮

（12）单步执行宏操作

（13）不同宏名

（14）OpenForm

（15）"…"

（16）第一个宏的

（17）宏组名．宏名

（18）Forms！报表名！控件名

（19）宏

（20）"操作"　"注释"　"宏名"　"条件"

（21）autoexec　〈Shift〉

（22）OpenTable　OpenQuery　OpenReport

（23）触发　事件　宏

（24）MessageBox

（25）管理

（26）Docmd．OpenQuery"查询1"

（27）RunSQL

（28）单步

（29）事件过程

3. 思考题

（1）答：宏有3种类型：操作序列宏、宏组和条件宏。

①操作序列宏是最简单的宏，宏中只包含顺序排列的各种操作命令，在使用时会按照从上到下的顺序执行各个操作。

②宏组由多个宏构成，它们用来共同完成一项任务，放在一个组中便于管理与维护。

③条件宏是指带有判定条件的宏。这类宏在运行之前先判断条件是否满足，如果条件满足，则执行当前操作命令；否则，不执行当前命令，转去判断下一行的条件，确定是否执行命令。

宏只有一种视图。

（2）答：宏的作用是使操作自动化。

创建 AutoKeys 宏组的作用是创建宏的运行中的快捷键。

（3）答：为窗体创建菜单栏分成4个过程，分别如下：

①设计出菜单系统所包括的菜单栏和各下拉菜单的内容，并为每个菜单命令准备好需要的对象；

②创建菜单栏中每一个下拉菜单的宏；

③创建组合了下拉菜单的菜单栏的宏；

④将自定义菜单栏的宏设置为数据库的菜单，或者附加于需要的界面上，即成为某一个界面激活时的菜单。

第8章　　VBA 编程基础

1. 单选题

（1）D　　（2）D　　（3）D　　（4）D　　（5）C

（6）B　　（7）D　　（8）D　　（9）A　　（10）B

（11）D　　（12）B　　（13）A　　（14）B　　（15）C

（16）A　（17）A　（18）C　（19）B　（20）C

（21）A　（22）A　（23）C　（24）B　（25）B

（26）B　（27）C　（28）B　（29）D　（30）D

（31）D　（32）A

2. 填空题

（1）类模块

（2）输入数据对话框

（3）String　Integer　Date

（4）数据类型

（5）Case 后表达式

（6）OnError

（7）过程列表

（8）Docmd. OpenQuery

（9）全局变量

（10）Visual Basic for Application

（11）有效使用范围

（12）基本类型变量

（13）标准过程

（14）字母或汉字

（15）条件

（16）循环或过程

（17）子程序过程或函数过程

（18）Docmd. OpenReport

3. 思考题

（1）答：模块是 Access 中一个重要的数据库对象，是将 VBA 声明和过程作为一个单元进行保存的集合。

模块中可包含一个或多个过程，过程是由一系列 VBA 代码组成的。它包含许多 VBA 语句和方法，以执行特定的操作或计算数值。

模块比宏的功能更强大，运行速度更快，能直接运行 Windows 的其他程序。使用模块可以建立用户自己的函数，完成复杂的计算和宏所不能完成的任务。使用模块可以开发十分复杂的应用程序，使数据库系统功能更加完善。

（2）答：在代码窗口中输入如下代码：

```
private sub ok_click()
if len(nz(me! user name))=0 and len(nz(me! user password))=0 then
msgbox"用户名,密码为空,请重新输入",vbcritical,"error"
me! user name. set focus
elseif len(nz(me! user name))=0 then
msgbox"用户名为空,请重新输入",vbcritical,"error"
me! user name. ser focus
```

```
elseif len(nz(me! user password))=0 then
msgbox"密码为空,请重新输入",vbcritical,"error"
me! user password. set focus
else
    if me! user name="abc"then
if   me! User password="123"then
    msgbox"欢迎",vbinformation,"正确"
else
  msgbox"密码不正确,非正常退出!",vbcritical,"error"
  docmd. close
end if
else
  msgbox"用户名不正确,非正常退出!",vbcritical,"error"
  docmd. close
end if
end if
end sub
```

第 9 章　综合练习

1. 单选题

(1) A　　(2) B　　(3) D　　(4) D　　(5) D

(6) A　　(7) D　　(8) C　　(9) D　　(10) B

(11) B　　(12) C　　(13) D　　(14) D　　(15) D

(16) D　　(17) C　　(18) A　　(19) D　　(20) D

(21) B　　(22) B　　(23) B　　(24) B　　(25) C

(26) D　　(27) B　　(28) A　　(29) C

2. 填空题

(1) 数据库管理系统

(2) 关系

(3) L

(4) autoexec

参 考 文 献

［1］ 姜书浩，李艳琴，王桂荣. Access 数据库实践教程 ［M］. 北京：人民邮电出版社，2017.

［2］ 教育部考试中心. 全国计算机等级考试二级教程：Access 数据库程序设计 ［M］. 北京：高等教育出版社，2022.

［3］ 田绪红. 数据库技术与应用教程上机指导与习题 ［M］. 北京：人民邮电出版社，2021.

［4］ 刘玉红，李园. Access 2016 数据库应用与开发 ［M］. 北京：电子工业出版社，2019.